住宅建筑的

整体规划与分类设计

王宁 苏阳 著

中国纺织出版社

内 容 提 要

本书是一本有关住宅设计的理论著作，该书重点围绕住宅建筑的整体规划与分类设计等有关知识展开研究与分析，主要包括住宅建筑概念、住宅建筑的规划与布局、住宅建筑的构造与常用材料、节能住宅设计的相关知识等内容。其中，还单独列举了中外建筑的优秀设计案例。本书旨在通过住宅建筑设计的专业理论、知识体系架构，让广大读者可以全面、深入地了解有关住宅设计方面的相关概念、发展状况，并能在未来住宅设计过程中灵活地运用住宅建筑设计的各种知识。本书的优点表现在：首先，内容翔实，涉及住宅建筑的各个方面；其次，结构完善，从概念到实例，图文并茂；最后，本书的适用范围较广，既能够给高校设计专业的学生提供一定的帮助，还能为现代住宅设计工作者提供一些参考，是一本实用性与可读性兼具的理论著作。

图书在版编目(CIP)数据

住宅建筑的整体规划与分类设计 / 王宁，苏阳著
. --北京：中国纺织出版社，2016.12 (2025.5重印)
ISBN 978-7-5180-3246-4

Ⅰ. ①住… Ⅱ. ①王… ②苏… Ⅲ. ①住宅—建筑设计—研究 Ⅳ. ①TU241

中国版本图书馆 CIP 数据核字(2017)第 005100 号

责任编辑：汤 浩　　　　责任印制：储志伟

中国纺织出版社出版发行
地址：北京市朝阳区百子湾东里 A407 号楼　邮政编码：100124
销售电话：010－67004422　传真：010－87155801
http://www.c-textilep.com
E-mail:faxing@e-textilep.com
中国纺织出版社天猫旗舰店
官方微博 http://www.weibo.com/2119887771
河北晔盛亚印刷有限公司印刷　各地新华书店经销
2017 年 3 月第 1 版　　2025年 5 月第 9 次印刷
开本：710×1000　1/16　印张：17.25
字数：238 千字　定价：98.00 元

前　言

自古以来，我国就有“安居乐业”的说法，人们只有居住安定了，才能乐业，才能不断进取，奋力谱写人生的辉煌篇章。

自新中国成立半个多世纪以来，中国的住宅和居住区规划建设都取得了令人瞩目的成就，特别是在改革开放之后的三十多年间，随着国民经济的持续、快速发展，住宅和居民区的规划建设事业更是突飞猛进，中国的住宅建设进入了新的发展阶段。住宅设计也从原来的“温饱型”向“小康型”转变，由“数量型”向“质量型”转变，人们已不满足过去的单调、粗糙、生硬的“居室型”住宅以及质量低劣、环境恶化的住宅形式。

进入 21 世纪以来，随着科技的快速发展，人类的生活方式也发生了极大的变革，这就需要建筑设计者不断将人们的实际居住需要与住房设计相结合，探索与之相适应的住宅设计理论和方法，研究各类社会群体对住宅的物质和精神方面的现实需求，同时，追求节能建筑设计理念与方向，进而为建设和谐社会奉献力量。

现在，住宅建筑的设计与科技结合，逐渐走向成熟，新的材料、技术、造型等也得到不断应用。同时，建筑设计专业也得到了人们的青睐，促进对设计理论与实践的广泛研究。这些理论与实践研究的出现，极大地满足了人们获得设计知识的心理需求，但是还存在知识分散、单一方向研究的缺点。基于此，笔者撰写了《住宅建筑的整体规划与分类设计》这本书，整合了包括设计方法、建筑材料、案例赏析在内的建筑知识。

该书共分为七章，涵盖了各个方面的知识内容。其中，第一章是住宅建筑概论，第二章是住宅建筑的规划与布局，第三章是住宅建筑的构思与设计，第四章是住宅建筑的造型设计，第五章是住宅建筑的结构设计与常用材料，第六章是住宅建筑的节能设计，第七章是优秀住宅设计鉴赏，每章内容都有自己的侧重点。

本书旨在通过住宅建筑设计的专业理论、知识体系架构介绍，让广大读者可以全面、深入地了解有关住宅设计方面的相关概念、发展状况，并能在未来住宅设计过程中灵活地运用住宅建筑设计的各种知识。

本书的优点表现在：首先，内容翔实，涉及住宅建筑的各个方面；其次，结构完善，从概念到实例，图文并茂；最后，本书的适用范围较广，既能够给高校设计专业的学生提供一定的帮助，还能为现代住宅设计工作者提供一些参考。

全书由王宁、苏阳撰写，具体分工如下：

第一章、第五章、第六章、第七章：王宁（郑州大学）；

第二章、第三章、第四章：苏阳（郑州航空工业管理学院）。

在撰写本书时，作者得到许多国内外专家学者的帮助与支持，同时还参考了一些相关的理论著作与研究成果，在此一并表示感谢。书中引用之处未能一一标明的，还请谅解。由于作者理论水平有限，加之时间仓促，书中难免出现不妥之处，希望广大读者给予批评指正，以便本书日后修改完善。

作　者

2016 年 10 月

目　录

第一章　住宅建筑概论

居住是人类生活的四大要素（衣、食、住、行）之一，人的大约三分之二的时间是在居住建筑及其周围环境中度过的。因此，居住建筑是与人们日常生活关系最为密切的建筑类型，是人类生存活动和社会生活必需的基本物质空间。从历史的发展演变过程中寻找一般的发展规律，是一种基本的思考问题方法，同时也对设计者了解居住建筑在发展过程中遇到的相关理论与实践问题有更深刻的认识。由于住宅建筑是居住建筑的主体组成部分，在我国社会经济发展中占有极为重要的地位，所以，可以通过对研究住宅建筑的发展轨迹来了解居住建筑的发展概况。

第一节　住宅的基本含义

一、住宅的概念

建筑作为一种实践活动有着几乎与人类存在一样长的历史，可以说建造房屋是人类最早的生产活动之一。最早的建筑是人类为自己建起的提供躲避风雨和野兽侵袭的场所。图 1-1 为陕西半坡遗址发现的原始半穴居建筑复原图，从中可以看出中国木构架建筑的雏形。

随着社会生产力的不断发展，出现了许多不同类型和功能的建筑。建筑材料、建筑技术和建筑艺术方面都有了长足的发展。随着阶级的出现，带来了为统治阶级所用的宫殿、官邸、庄园和陵墓；伴随宗教的发展，带来了庙宇、教堂；为了商品交换的需要，出现了店铺、商场甚至是银行、百货公司、贸易中心；随着生产工艺的提高，带来了作坊、工场和现代化的工厂；因为交通的迅猛发展，便有了驿站、车站、码头和飞机场；伴随科学文化领域的进步，出现了越来越多的图书馆、学校；甚至利用虚拟技术，人们在虚拟的世界里也开始有了不同类型的“建筑”。社会的发展使建筑已经不再仅限于为人们提供一个住所，建筑的类型日益丰富，新的建筑技术也不断涌现，建筑形象更是千变万化。[1]《韦氏英文词典》对建筑的解释是：设计房屋与建造房屋的科学及行业，创造的一种风格。

图 1-1　陕西半坡遗址建筑复原图

综上所述，居住建筑是为满足家庭长期（或短期）定居生活的需要而建造的居住空间设施，并且会随着社会的发展和人们居住方式的变化而不断变化。

二、住宅类型

（一）适用于家庭长期定居的居住建筑

这类是为满足家庭长期定居生活的需要而建造的居住空间

[1] 张青萍．建筑设计基础[M]．北京：中国林业出版社，2009.

设施——住宅建筑，它是使用最普遍而又最古老的建筑类型。由于生活习惯、地形气候、文化民俗等方面的原因，我国各地的传统民居建筑在建筑群体组合、院落空间布局、材料构造处理，以及适应地形气候等方面呈现出明显的地域性的差别，创造了独特而璀璨的民居建筑文化（图 1-2）。

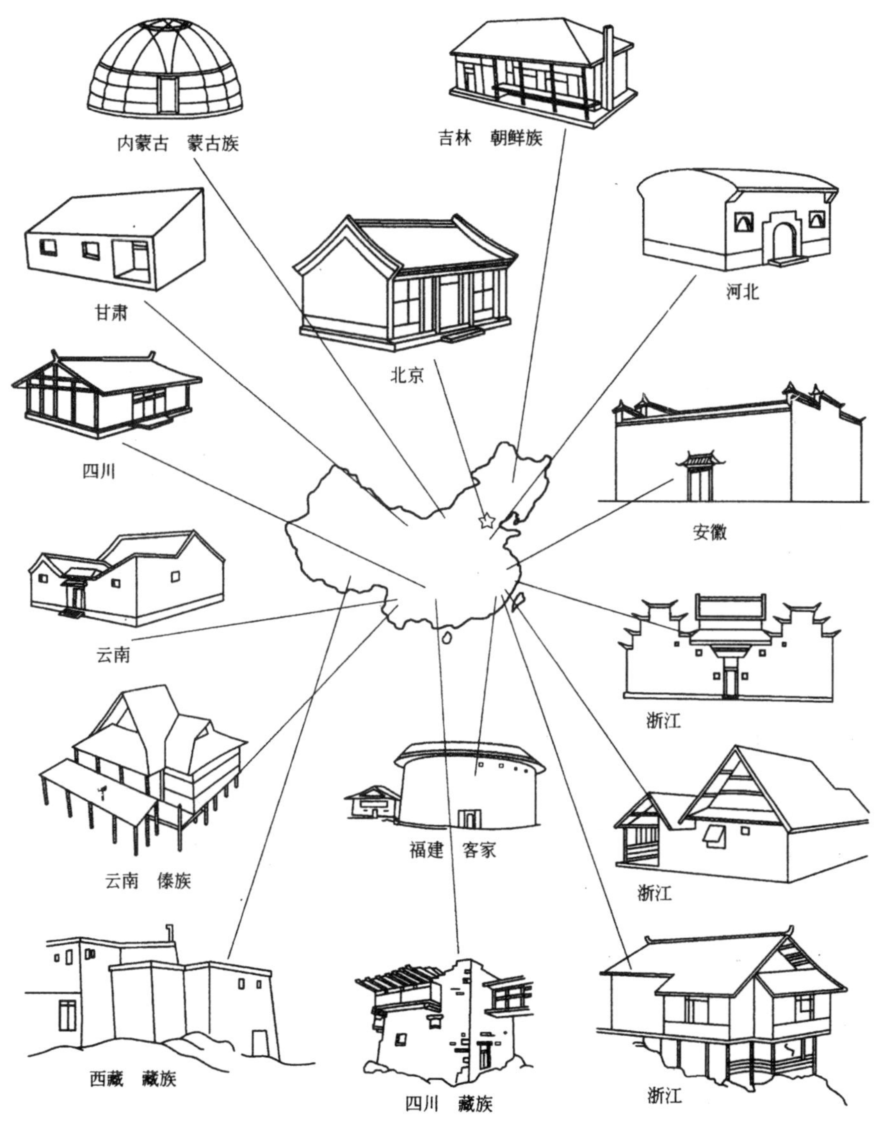

图 1-2　我国形式多样的传统民居

现代城市住宅在满足住户基本生存需求的同时，开始注重住宅的品质和环境建设，以迎合现代人的精神文化需求。近年来，随着城市化进程的加快，现代农村住宅建筑模仿城镇住宅建筑的现象越来越突出，失去了其传统的空间特色与韵味，需引起广大设计师的重视。

（二）适应社会不同需求的居住建筑

1. 居住综合体

居住综合体建筑是以居住功能为主，兼有商务办公、商业服务等城市综合性功能的居住建筑类型。它是在现代城市步入后工业化时代的过程中，城市空间形态与社会居住方式发展相结合的产物，其功能、空间、形式具有很强的开放与包容的特征。

2. 老年住宅

根据相关资料表明，我国在21世纪初已进入老龄化时代，全国各地也相继新建了多种形式的老年住宅，如养老院、居家养老院、老年社区等，但特别成功的案例较少。由于老年人在生理、心理等方面与一般人有很大的差异，具体设计时需更多地关注他们的切身感受。

3. 青年公寓

它是为满足城镇青年社会群体对居住空间的共同需求，而采取集约化建造的居住设施，主要为单身企业职工、机关职员和大学生等人员提供生活、学习和住宿的场所。随着社会的发展进步，其服务功能在不断完善，建筑形式也日趋丰富。

4. 灵活可变性住宅

所谓可变性住宅就是挖掘住宅平面空间和结构的潜力，通过改变空间的数量、形状和尺寸等，使得住宅满足家庭人口规模和结构的变化以及不同家庭的不同居住需求，成为一个家庭的“长效”商品。灵活可变性住宅适应了我国人多资源少的实情，能大大提高住宅的耐久性和使用价值。

5. SOHO住宅

它是为满足在家办公的商务白领群体的需要而建造的居住空间设施，是以计算机网络技术为生存基础的信息革命所带来的生产生活方式的重大转变，促进了家庭模式的多样化。图1-3所示为北京银河SOHO建筑。

图1-3 北京银河SOHO建筑

第二节 我国住宅建筑及其发展现状

一、我国住宅建筑的发展

(一)新中国成立至今的中国住宅建筑发展概况

1. 模仿欧苏的住宅

新中国成立初期，住宅设计大体是按照欧美的生活方式进行平面布局：以起居室为中心组织其他空间，多为低层，一般为砖木结构，少量为钢筋混凝土结构。

20 世纪 50 年代中期引入了苏联单元式设计手法，住宅的面积定额每人仅 $4m^2$，在以一室半户或二室户为主情况下，一般以修建平房及低层的联排住宅为主，每户设 $3\sim4m^2$ 的厨房，户外集中厕所。规划布局以行列式（或称兵营式）的单调格局为主，同时一定的住宅间距保证了阳光与通风要求。图 1-4 为内廊式住宅套型平面，厨房厕所多户合用。

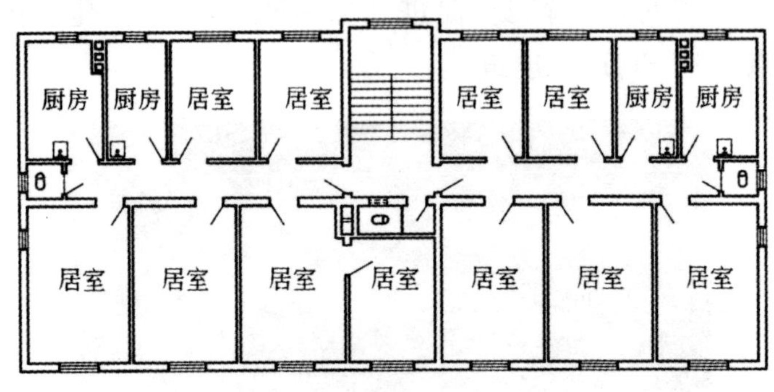

图 1-4　内廊式住宅平面

例如，上海的曹杨新村建筑布局依地形自由布置，适应了上海地区的气候条件如日照及穿堂风等，在新村内部设置了日常生活服务设施。这种以西方邻里单位模式，结合自然环境组织外部空间的规划思想，成为当时一个较优秀的实例（图 1-5）。

1949 年到 1957 年的“一五”时期，在学习苏联“一边倒”的情况下，小区街坊围绕以幼托为中心，采用周边式布局，强调了轴线与对称，使较多的住宅居室在无遮阳的情况下，西晒强烈，过分关注形式上的秩序感，忽视地区的气候条件，以及街坊内缺乏必要的生活服务设施，造成生活上的不便。“一五”后期“小区”规划思想的引入，成为以后一个历史阶段住宅区布置常采用的一种模式。

在住宅设计理念方面，提出了“合理设计、不合理使用”的指导思想以及采用“单元式”标准设计的方法，即以多间（4～5 间）居室与厨厕组成的一个单位，仅供 2 户或 2 户以上居住，厨、厕则为多户合用结合的做法，虽为权宜之计，但脱离了人们的生活习惯与国情。住宅采取标准设计的方法缓解了建筑设计施工技术人员短缺与大规模快速建设的矛盾。

图 1-5 曹杨新村总平面❶

鉴于当时"在保证优先发展重工业"的政策下，对非生产性建设标准(包括住宅)实施厉行节约的原则，在种种条件制约下，城市住宅设计难以突破与创新。

1957 年 7 月国家建委委托中国建筑学会组织厂矿职工住宅设计竞赛，提出了"因地制宜、就地取材、降低建筑标准与造价"的主要竞赛条件，为推动与改进"二五"期间的住宅设计起到了很好的作用。一些得奖方案(图 1-6)在平面处理中有的户型布置合理，做到了独门独户，并对朝向、日照、通风与卫生条件都做了充分考虑。这是新中国成立以来第一次全国性的住宅设计竞赛。

❶ 顾馥保．城市住宅建筑设计[M]．北京：中国建筑工业出版社，2007.

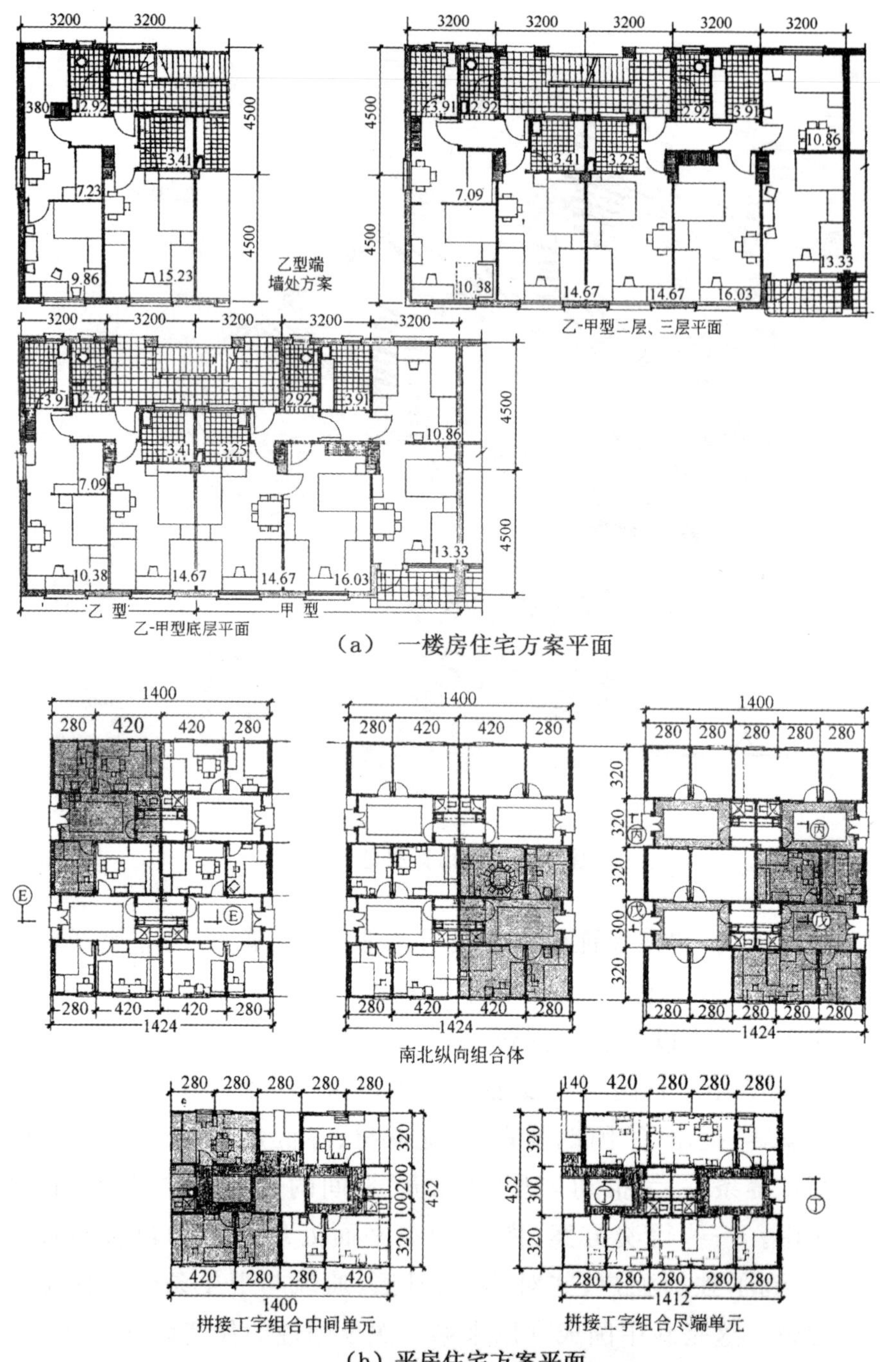

（a） 一楼房住宅方案平面

（b）平房住宅方案平面

图 1-6 1957 年全国厂矿职工住宅竞赛得奖方案

1958年，中国经历了“大跃进”与“人民公社”的运动，掀起了农村与城市人民公社规划与社会主义大家庭的住宅设计，以所谓的工农结合的城市人民公社的社会结构，组织城市生产和生活的基本单位，把过去以幼托为小区中心的规划布局改为以公共食堂为中心以及配置小型工业等“大家庭”集体宿舍式的住宅。

2.“浅基薄墙”的简易住宅

由于政策的失误与三年自然灾害等因素，国民经济面临崩溃的边缘。1961年后贯彻执行“调整、巩固、充实、提高”的八字方针，对基本建设的规模进行了压缩，提出了“大兴调查研究”之风等，在设计领域开展了对各地住宅广泛而深入的调查。一方面对我国居住状况、家庭人口组成、结构、居住现状住宅使用情况作全面了解，另一方面在调查分析的基础上，从实际需要与可能出发，提出适应当时国情的住宅标准与设计思路。主要有以下几点。

(1)住宅户型选择的理性化。以远近期结合、近期规划为主，逐步提高住宅标准和改善居住条件。

(2)摸清家庭人口组成的规律，考虑居民生活方式的变化，提供多种多样的户型及住宅类型。

(3)制定合理的定额指标，全面分析各住宅类型、户型的经济效果，防止经济上的片面性。

(4)注意地区特点，了解各地区的居住现状、自然气候条件、生活习惯以及有关结构、材料、施工等情况。

从住宅类型的多样化来看，有外廊式、短外廊式、单元式、横楼梯式等，其他有为解决气候闷热地区的通风降温问题而设计的天井式住宅以及适应东北寒冷地区的内外廊结合式住宅等。

此外，对住宅的户型，居室大、中、小搭配，辅助用房的布置等，广泛地开展了研究工作，提高了设计水平。在探讨住宅设计应满足独门独户方面，提出了厨房、厕所应做到“宁小要独用”的要求。这个时期设计的一些平面布局紧凑而实用的方案受到了住户的欢迎。

在此期间，也曾出现了两次盲目地降低住宅标准的倾向。这种思想上的片面性，束缚了住宅设计的创新。

"文革"时期把"干打垒"精神与"因陋就简"并列在不恰当的位置，因而在城市建设以及居民点的布局方面，出现了要求在生产岗位附近建设生活基地的小农经济规划思想。

当时住宅的简易程度已不能满足人的基本生活需求与房屋的基本要求，形式也相对简单。如上海市首批建造的 2 万户工人住宅，平面为二层宿舍式，套型基本为一室户，部分为二室户，一梯多户，大家合用厨房，而卫生间设在底层（图 1-7）。

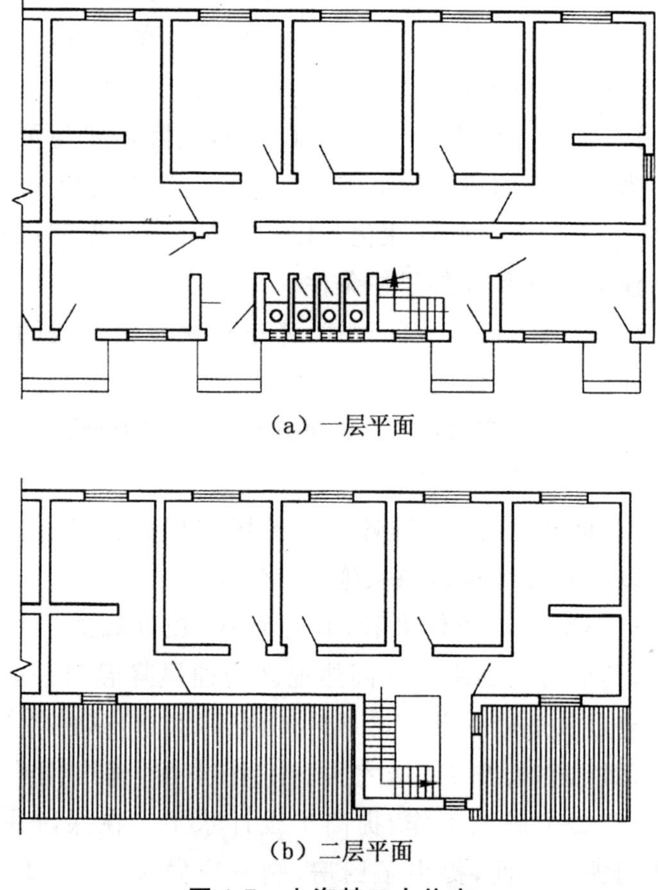

(a) 一层平面

(b) 二层平面

图 1-7　上海某工人住宅

按照 1966 年的住宅设计标准，虽住宅平均每户居住面积不大于 18m²，但在 20 世纪 60 年代初期，独门独户小面积住宅的理念已普遍被大家接受。

3. 初具雏形的高层住宅

进入 20 世纪 20 世纪 70 年代，平均每户建筑面积可达 34～37m²（1973 年），我国部分开放较早的城市，为华侨回国定居，修建了一些标准较高的华侨新村（图 1-8）。

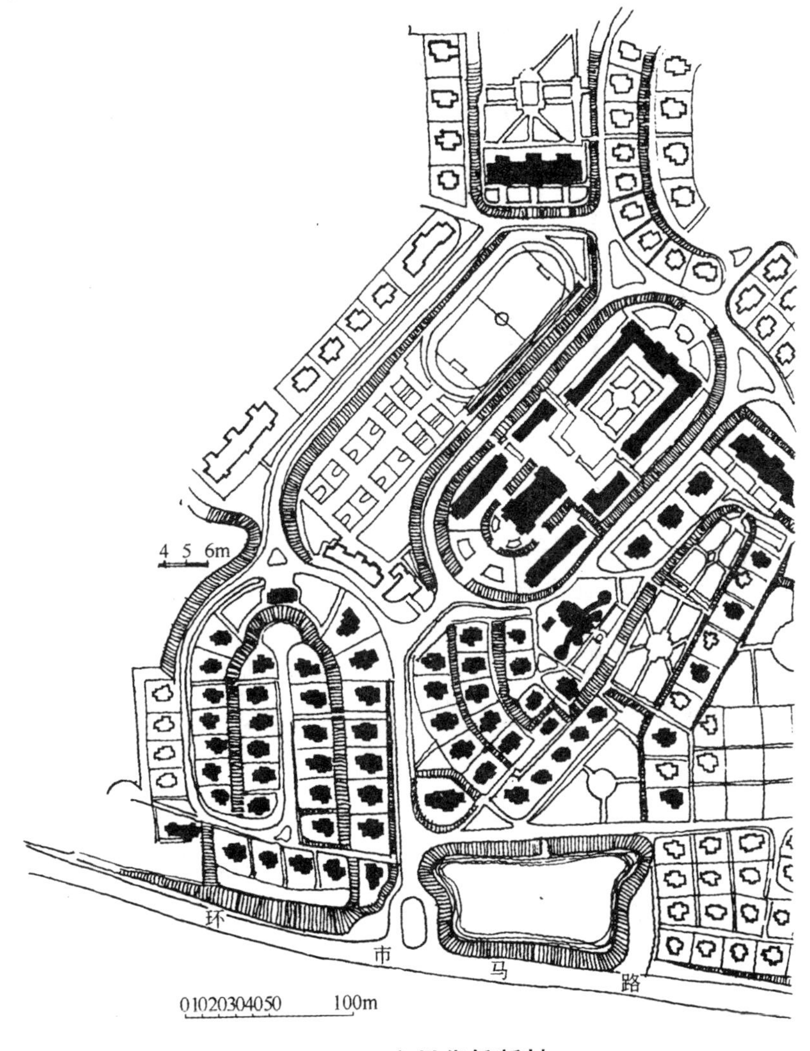

图 1-8　广州华侨新村

20 世纪 70 年代，为解决大城市土地缺乏，为使领馆人员居住而修建的一批高层住宅(图 1-9)，同时也促进了对高层建筑技术体系的积极探讨。但由于受建筑标准控制的影响，大多建筑居住条件差，设备简陋，居住满意度较低。

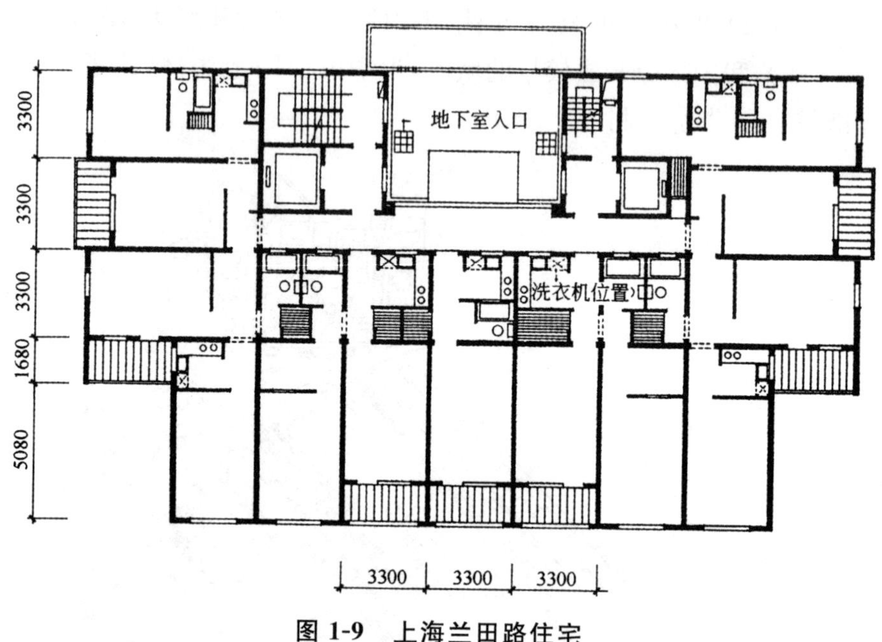

图 1-9　上海兰田路住宅

4."小方厅型"住宅套型

20 世纪 70 年代末，人们将用餐活动从"居室"中分离出去的"小方厅型"(图 1-10)住宅套型开始受到青睐。

5."大厅小卧"住宅模式

20 世纪 80 年代随着改革开放的脚步，我国城市住宅建设在体制、政策、投资、分配一系列的改革与深化进程中得到了飞速发展。

1998 年是我国住宅发展史上具有重要转折意义的一年。当年的 7 月 3 日，《国务院关于进一步深化城镇住房制度改革加快住房建设的通知》〔国发(1998)23 号〕发布，规定从 1998 年下半年开始停止住房实物分配，逐步实行住房分配货币化。自此，我国的住房制度从过去的单位福利分房转变为由市场配置住房资源。主要体现在以下几方面。

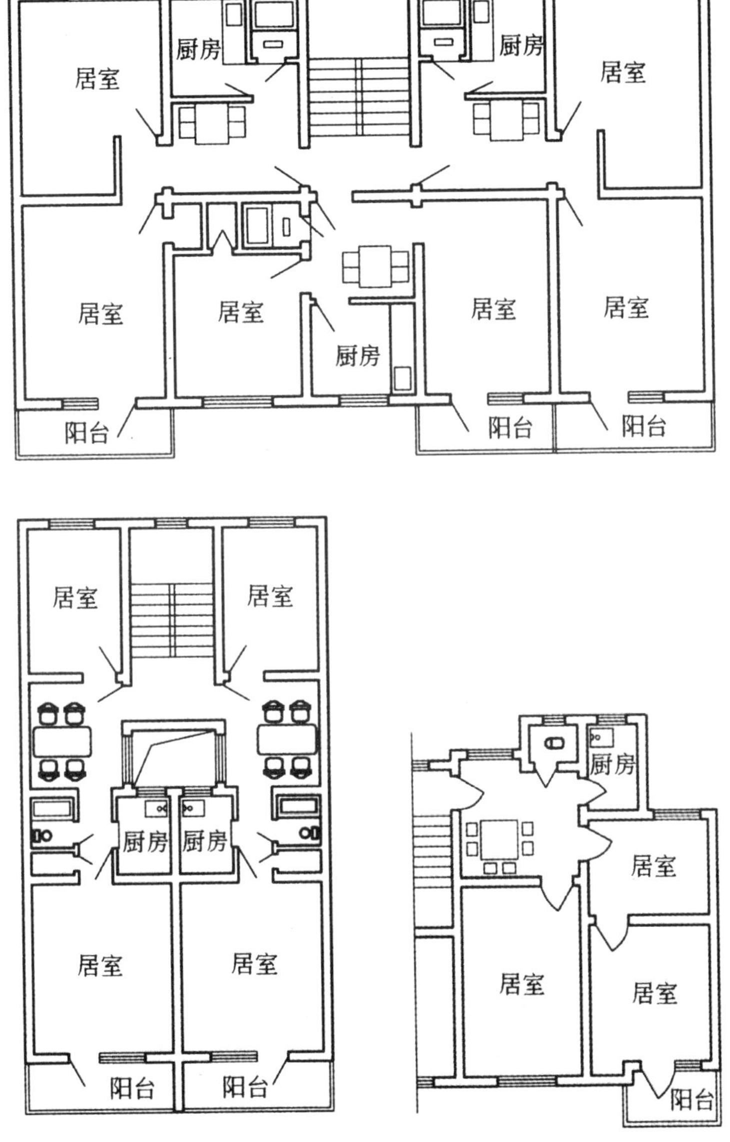

图 1-10　小方厅型住宅

(1)以市场为导向,住宅商品属性观念的确立,除了它所具备一般商品的生产、流通、消费的特点外,还应考虑其特殊性(如房地产的地区性、耐久性、保值与增值性等)。

(2)住宅的分房制度从实物分房转化为住房分配货币化,并在政府宏观调控下依据中低收入居民的社会保障的福利分房政策,促进了住宅产业化及房地产市场的发展。

(3)房地产企业在开发投资上规模、质量上档次、建品牌,促使城市住宅类型、户型功能、室内空间序列、层次的多样化、丰富与完善方面得到发展,设计的创新意识得到了很好的发挥(图 1-11)。

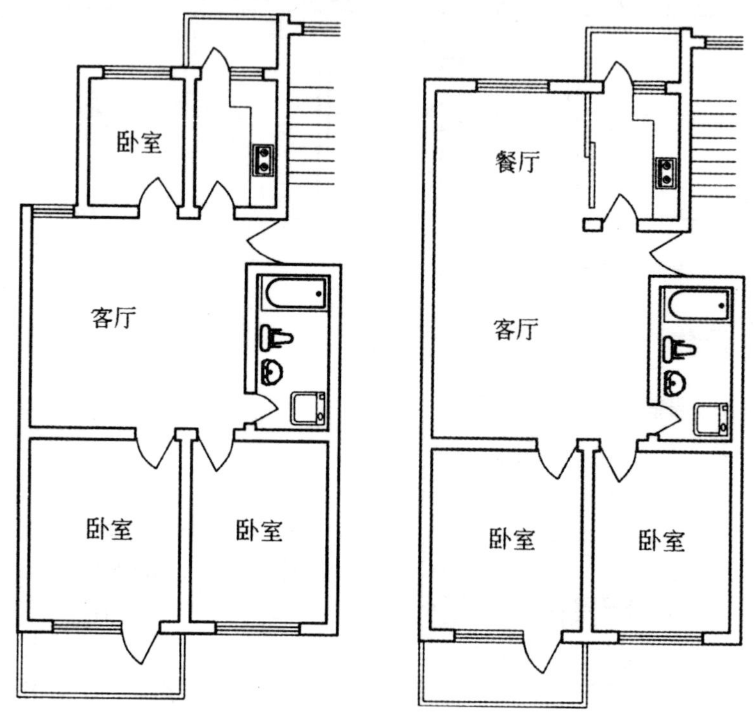

图 1-11 “大厅小卧”住宅

这一改革的成效是显著的:从 1998 年到 2003 年,个人购买商品住宅的面积比例由 71.97%上升至 96.43%,个人遂成为商品住宅的消费主体。❶

住房体制的市场化改革对住宅产品的发展起到至关重要的作用。在福利分房时期,受到住宅面积和分配标准的严格限制,

❶ 周燕珉. 住宅精细化设计Ⅱ[M]. 北京:中国建筑工业出版社,2015.

居民基本没有过多的选择余地。住房商品化后，住宅建设由政府主导逐步转向市场主导，房地产业快速发展，居民拥有了在住房市场上自由选择的权利。随着市场需求的多样化，住房供给方开始以购房者的需求为导向来设计住宅产品，逐渐形成了多元化的住宅发展格局。

6. 商品住宅套型模式

城市住宅的规划设计，从改变观念、方案创作、完善设计与房地产企业的开发意向、市场定位、消费需求等方面建立起相互沟通、对话与共识的局面，开拓了建筑师的创作领域与创新理念。一些代表性的作品有以下几种。

(1)台阶式花园住宅

该住宅设计采用基本间定型—套定型—单元定型—单元组合的设计方法，使单元组合灵活，房型进深加大，并节约用地。采用层层退台，在每户建筑面积不大的情况下，提供了室外平台，使之体现层次丰富，高低错落的多样面貌，较好地解决了标准化与多样化的矛盾(图 1-12)。

(2)无锡支撑体住宅

这是借鉴荷兰“SAR”住宅体系结合中国实际所做的一次探索，把住宅设计与建设分为支撑体和可分体两个部分，在完成承重支撑，楼板、屋盖设备管道(井)后，使住户参与选择决定内部分隔格局，同时将家具组合，卫生间、厨房的配套，以适应灵活、多样的不同住户的要求。在建筑造型上采用了江南民居上的一些符号与细部以显示地方风格(图 1-13)。

(3)北京菊儿胡同新四合院

北京菊儿胡同新四合院为旧城区传统四合院落改造的实例(图 1-14)，该设计吸取传统民居聚落的内涵，采用高低错落的层次，传统的符号及形式，如粉墙黛瓦、过街楼等。既保护了历史文脉的延续性，又增添了新的居住氛围，体现了新住宅的“有机更新”。该项工程获得了联合国颁发的人居奖。

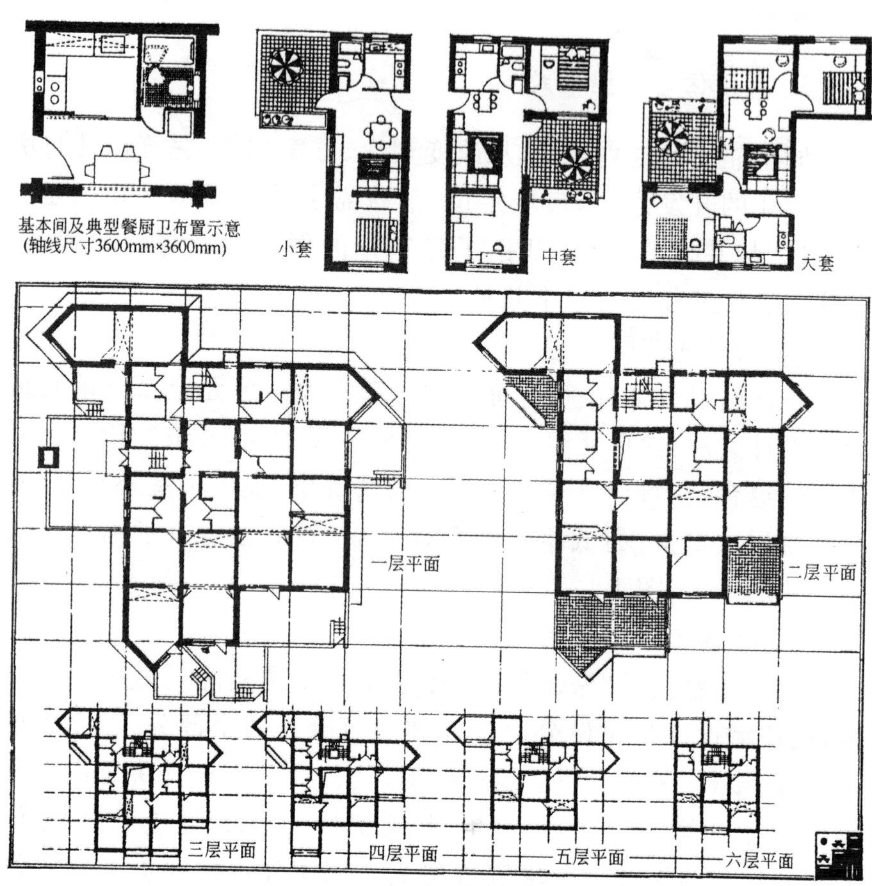

图 1-12 台阶式花园住宅

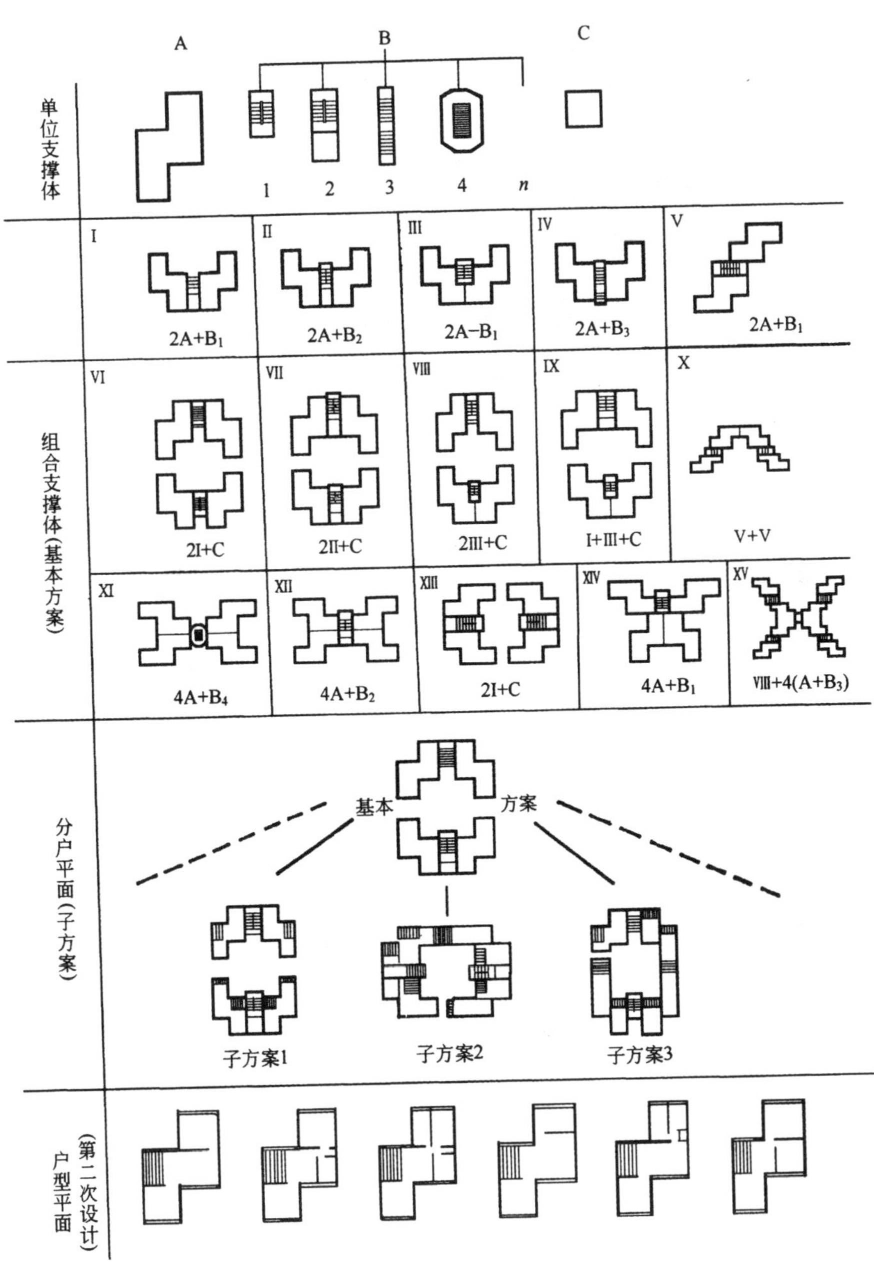

图 1-13 支撑体住宅设计程序图解❶

❶ 顾馥保．城市住宅建筑设计[M]．北京：中国建筑工业出版社，2007．

图 1-14　北京菊儿胡同❶

21 世纪初以来，住宅设计逐步由追求数量向讲究质量，由粗放型向精品型转变。通过对半个多世纪以来住宅建设发展历程的分析，我们可以清晰地认识到，居住建筑和居住环境的发展建设水平与整个国家的经济发展是紧密结合在一起的，并涉及社会文化、地域文脉、民俗风情等客观因素。同时我们也应该注意，由于地域发展的不平衡以及同一时空条件下不同层次需求的并存，实际情况并不像在纸上描述的那样明确。

(二)中国住宅产品类型的多样化发展

1. 低密度住宅产品发展

从独栋别墅、联排、叠拼、双拼、花园洋房等低层和多层低密度住宅，到中高层、高层乃至超高层住宅，住宅产品类型呈现出百花齐放的景象。

(1)独栋别墅的发展

我国独栋别墅的建设经历过两次高潮。第一次高潮是鸦片战争时期，各列强国家在我国通商口岸建造了一批具有殖民特色的别墅区。新中国成立初期，由于缺少相应的经济基础，我国独

---

❶ http://www.arch.tsinghua.edu.cn/IAUS/favorite.htm.

栋别墅建设基本停滞。第二次是在改革开放以后，随着社会生产力的发展和思想的进一步解放，国人对欧美等国家优雅舒适的个人住宅有了初步了解，海南、深圳的商品化独栋别墅建设率先起步，进而带动全国大中城市独栋别墅市场日益蓬勃。

由于每栋住宅周围四向均有院落，且住栋之间又保持一定的间隔，造成土地的利用率较低，容积率通常小于0.3。20世纪80年代末期至90年代中期，我国主要大城市近郊的土地价格还比较低廉，于是便成为别墅建设的主要区域。但随着城市化水平的提高，我国城市近郊土地资源日趋紧张，逐渐不能承受独栋别墅低容积率的开发模式。

由于缺少别墅设计及建设经验，国内早期独栋别墅的设计很大程度上是对欧美住宅样式的单纯模仿。这种地上2～3层的“洋式”独栋别墅，外观采用欧美风格的坡屋顶、柱式、拱券、线脚等造型要素。室内沿袭欧美国家生活习惯配置大起居室、大主卧、西厨，各室配备卫生间，每栋配置车库等；套型面积一般在300m^{2}以上。

“洋式”别墅虽然为人们提供了豪华庄重的外观，但由于单纯照搬欧美生活模式，忽略了不同文化、生活习惯与社会背景的差异，造成一定的“水土不服”。

到了20世纪90年代中后期，我国多数大中城市近郊的“洋式”独栋别墅建设热潮逐渐减退。在市场与政策的双重作用之下，开发及设计单位开始探索符合中国国情的、富有内涵的、适应市场需求的独栋别墅形式。

例如“北美小镇”一类的项目，在街区尺度、景观园林、建筑体量、立面造型等方面均采用北美设计风格，如：大窗、阁楼、坡屋顶。小区整体氛围显得简约大气，自由而富有活力，在市场上很受欢迎。而像一些以东南亚风情为特色的别墅项目，则通过深挑檐、仿木尖屋顶、开敞式露台等建筑形式，配合水面与棕榈树的映衬，及石雕、木雕上的宗教符号，营造出神秘、自然的居住氛围（图1-15）。

图 1-15　东南亚风格别墅

现代“中式”独栋别墅常会结合我国南北方传统民居的差异来创造不同的院落形态(图 1-16)。例如,南方的“园林式”独栋别墅中,通常借鉴江南私家园林中建筑与山水共生的意象来设置庭院空间;而北方的“合院式”独栋别墅中,往往采用四面围合的建筑布局方式来体现空间的尊卑关系与大家风范。此外,建筑外观及室内装饰也尽量采用中国传统元素,例如外观添加传统装饰符号,室内装修采用中式风格等,以求再现中国传统民居精髓。

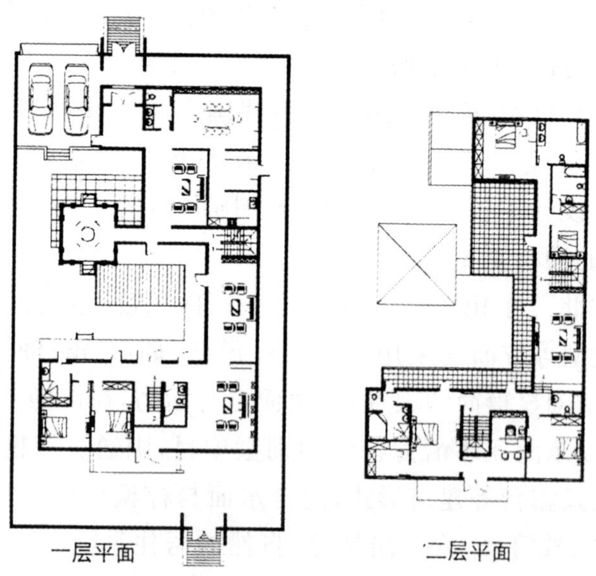

图 1-16　现代“中式”独栋别墅平面图

独栋别墅产品虽然能为高端住户带来高品质的居住体验，然而由于占地面积大、容积率过低，与城市建设用地资源日益紧缺这一现实的矛盾也越发凸显。尽管国土资源部多次提出“禁墅令”，但市场上频打“擦边球”的现象仍屡禁不止。2003 年 9 月 14 日，国土资源部发布《关于加强土地供应管理促进房地产市场持续健康发展的通知》，通知指出今后我国将严格控制高档商品住房用地，停止审批别墅用地。在这样的宏观调控政策下，当时独栋别墅产品在短时期内被迅速消化。而独栋别墅一味追求奢华的开发模式也相应受到遏制，市场上出现向集约化发展的倾向。多数新建独栋别墅在保证基本舒适度的基础上缩小了套型面积，逐渐形成“经济型”独栋别墅产品。自住与投资成为此类产品的主要消费模式。

2012 年国土资源部明确提出，住宅项目容积率不得低于 1.0，进一步从实际操作层面上限定了别墅类地产项目的开发。在这样的政策形势下，为了满足容积率要求，别墅产品又一次向“扩大化”方向发展。在这段时期，一些项目推出了面积 800～1000m^2 甚至更大的别墅产品，一方面是为使容积率达到 1.0 以上，另一方面也是力求更加凸显项目的高端性和稀有性，以吸引投资型客户。2016 年 9 月 17 日，国土资源部召开新闻发布会表示：全国各地将停止审批别墅类供地和相关用地手续，对联排别墅、低密度花园等类别墅项目的审批也将进一步控制。

(2)联排住宅

20 世纪 90 年代末，Townhouse（联排住宅）概念的住宅产品首次在中国亮相。此时期国内新生中产阶层家庭迫切希望拥有面积较大、上下分层、配备私家院落及停车位的住宅，但并不具备足够财力购买价格昂贵的独栋别墅。而从空间配置、价格、土地利用等方面来看，Townhouse 是介于独栋别墅与多层住宅之间的一种中间住宅形态，既具备“四有”（有天、有地、有院、有车库）品质，价格又处在一个能够承受的范围之内，较好地弥补了住宅市场独栋别墅与多层住宅之间的产品缺失，因此成为中产阶层家庭购房的另一选择。

①第一代联排住宅

第一代联排住宅多建在市郊区域，土地成本相对较低。其住栋平面规整，横向6～10栋并排相连，土地利用率较高，加之结构简单，施工方便，建筑造价相对较低。所以第一代联排住宅产品总价适中，对于大部分中产阶层家庭来说，是可以负担的高端住宅。

然而第一代联排住宅面宽窄、进深大的窄长平面形式虽然提高了土地利用效率，但却导致室内空间布局受限，套型中部采光通风不佳等问题。为使空间及面宽能得到充分利用，一些项目采用“错层”手法——首层南侧将起居空间适当拔高，首层北侧利用车库、厨卫等空间压低层高，从而在剖面上达到“错半层”的效果。这样南侧共两层，二层通常安排主卧区，北侧则为3层，可安排次卧等房间。这样做可使各层空间更加流通，并可在有限的空间内安排更多的房间(表1-17)。

而针对套型中部采光通风的问题，市场上出现了住栋前后交错并联、利用梯井上空天窗采光、设置内庭院(表1-18)等方法加以改进。然而这些设计方法虽然在解决某一问题时呈现了优势，但有时也对其他空间和功能造成了一定程度的负面影响，如错层会使住户上下楼梯的频度增加等。

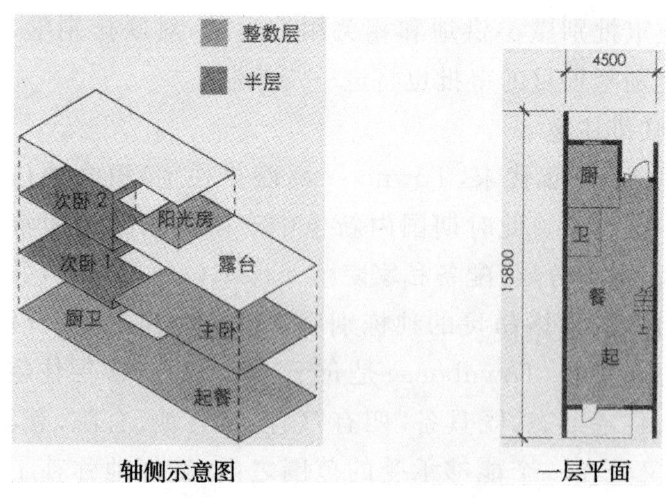

图1-17　第一代联排的“错层”

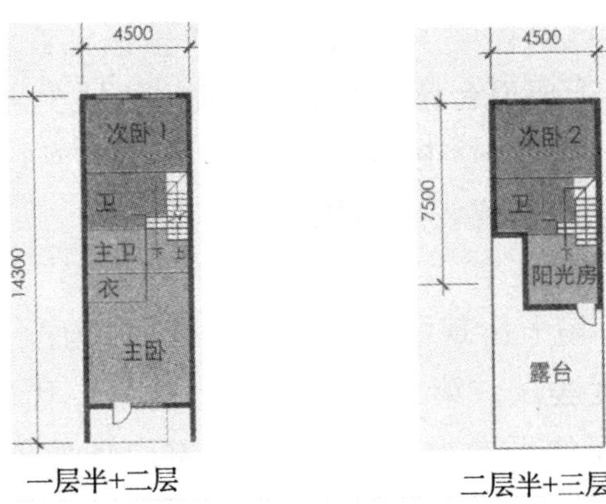

图 1-17(续) 第一代联排的“错层”

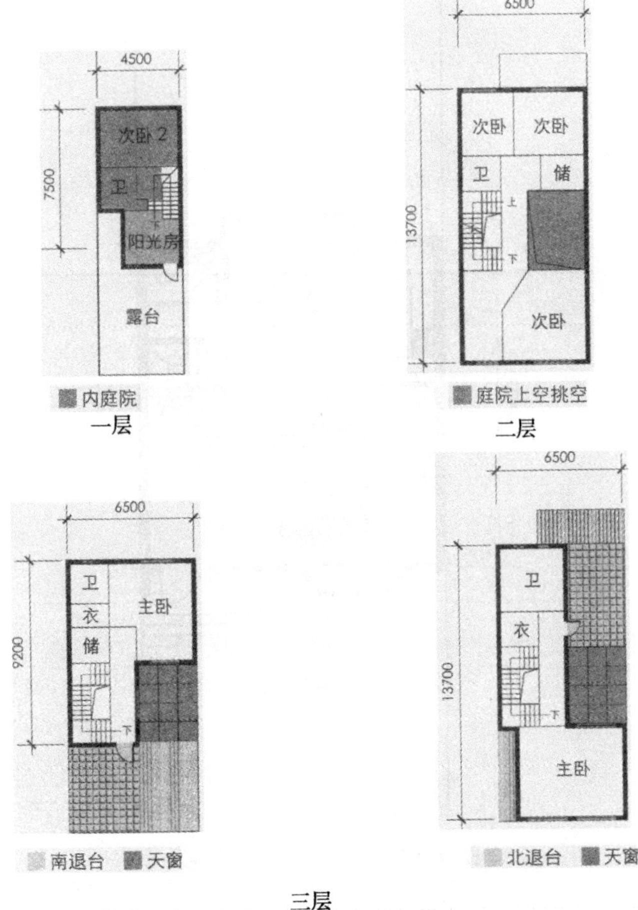

图 1-18 第一代联排住宅的内庭院与天窗

另外，从住区整体空间环境来看，联排住宅南侧三层通常会设有露台，容易形成退台感，但北侧造型往往缺少进退变化、立面整体较为死板。当7～8栋3层高的联排住宅连续排列时，就会对北侧的宅间道路造成较大的压迫感。

②第二代联排住宅

2002年，市场上出现“宽 House”概念，成为改变第一代联排住宅形态的首度尝试。第二代联排住宅是第一代联排住宅与独栋别墅产品之间的再次细分，旨在改善室内环境舒适程度、提高院落品质、进一步增强“别墅感”。(图1-19)

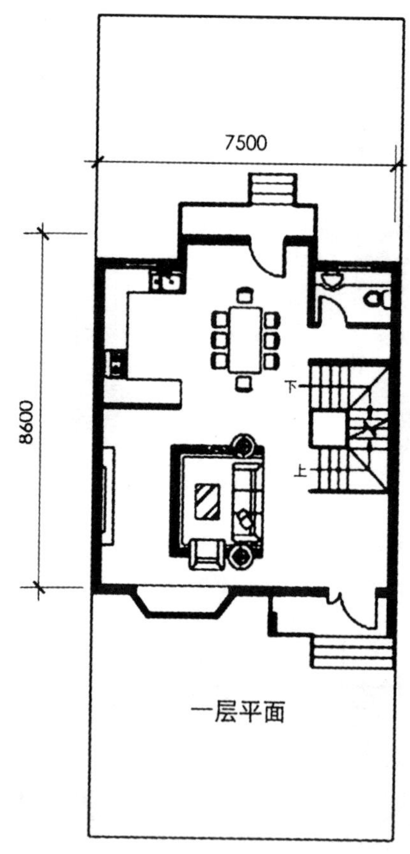

图1-19　第二代联排住宅

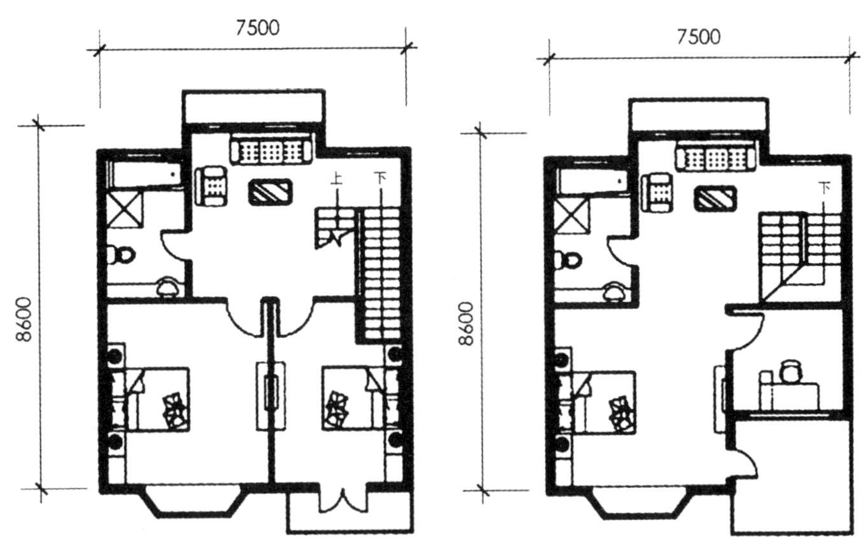

图 1-19(续)　第二代联排住宅

③第三代联排住宅

2003 年别墅建设用地停供，而市场上对独栋别墅的需求仍然存在。同年，“卡尔生活馆”作为新一代联排住宅类型的一例，通过对住栋体形及院落的创新调整，进一步使联排住宅向独栋别墅靠近，以迎合市场需求。

第三代联排住宅的一个特点是将住栋整体面宽进一步增加至 3 开间，并开始出现十字形(图 1-20)、T 字形等较灵活的平面形式。

与前两代联排住宅相比，其庭院面积进一步增大，住栋四周可形成形态丰富、功能各异的院落空间，庭院品质向独栋别墅靠近(图 1-21)。富有凹凸变化的住栋形态有利于宅间道路及庭院的采光，小区形象更为活跃。

第三代联排住宅在追求“别墅感”的同时也带来以下不利情况。第一，由于面宽增大，土地利用效率不高；第二，平面的凹凸进退对开窗构成难度，若设计不当则会产生对视问题；第三，住栋体形复杂，这虽然使通风采光面增加，但却不利于北方地区的节能保温的需求。

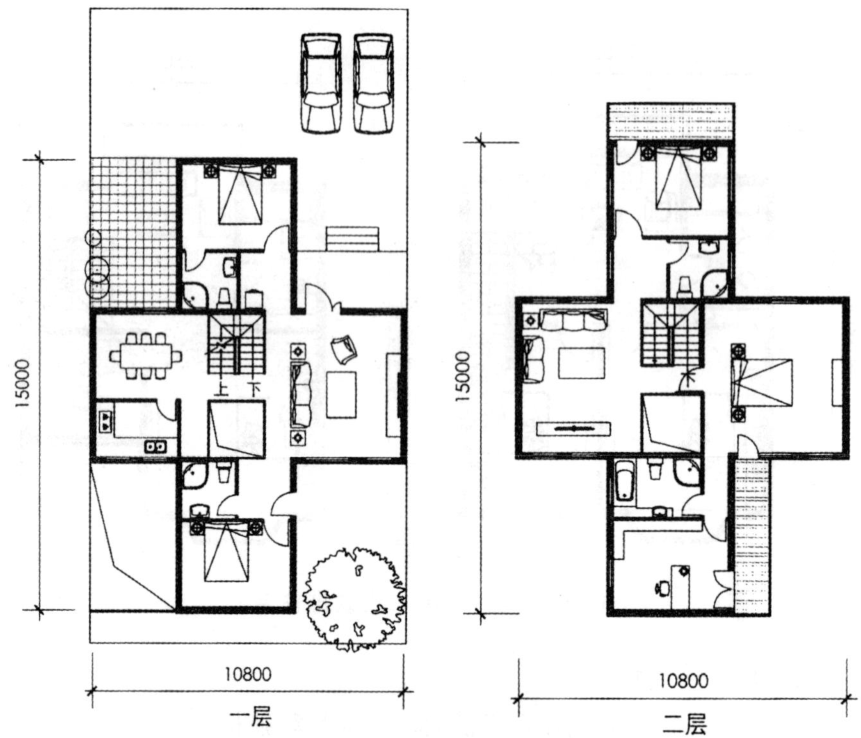

图 1-20 “十字形”联排住宅平面图

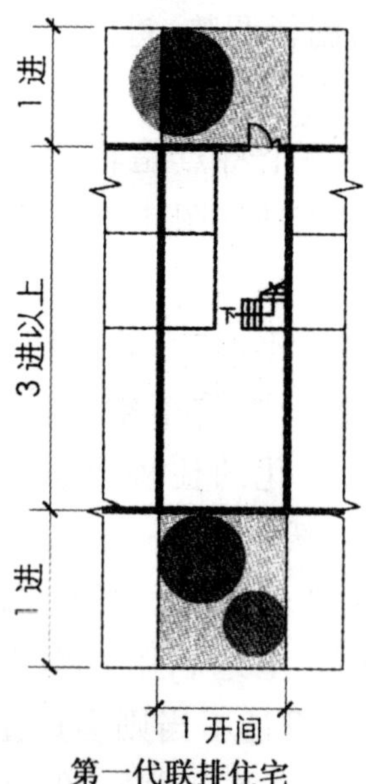

图 1-21 各代联排住宅平面与庭院形态比较

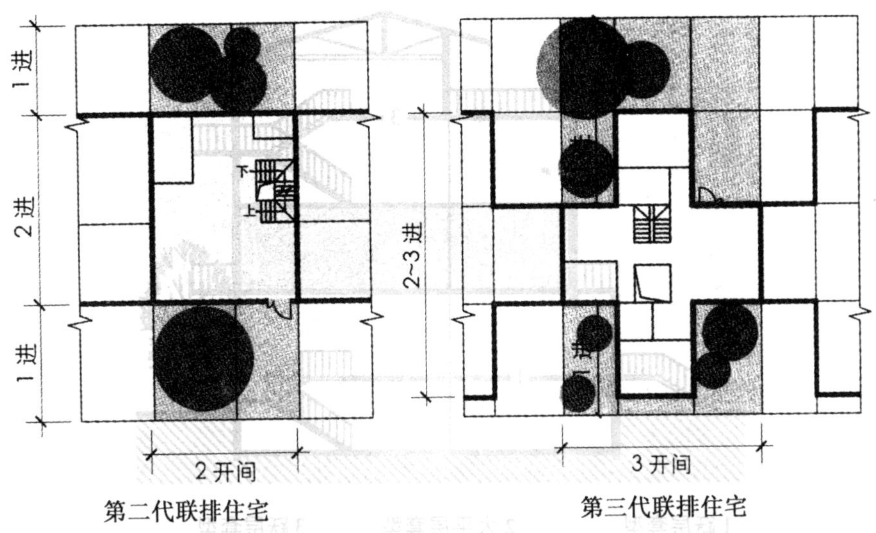

第二代联排住宅　　　　第三代联排住宅

图 1-21(续)　各代联排住宅平面与庭院形态比较

(3)双拼住宅和叠拼住宅

双拼住宅和叠拼住宅都是“类别墅”住宅,前者是由两栋别墅左右相拼而成,后者是由多套别墅式住宅上下叠落组合而成。这两类住宅产品的产生和发展主要是受到国家停止独栋别墅土地供应这一政策的影响。由于被停止审批用地的“别墅”是指独门独院、2～3 层楼形式的别墅。而双拼住宅通过将两栋别墅拼合在一起,使两栋住宅虽有一面相连,但另外三面仍保持独立,并拥有三面 270°视野的独立院落。通过将两栋别墅“形式上”连上一点,既巧妙地打了政策的“擦边球”,又使住户能最大化地拥有类似独栋别墅的居住环境。然而也因如此,双拼别墅占地仍较大,容积率并不能比独栋别墅提高太多,从节地角度来看仍不符合发展趋势。

而叠拼住宅由于是有多套跃层和平层住宅上下拼合,可以做到地上 4～5 层,其容积率可达 1.0～1.2,对土地的利用率相对较高,价格也相对便宜,符合住宅市场的需求,因而受到客户的欢迎(图 1-22)。

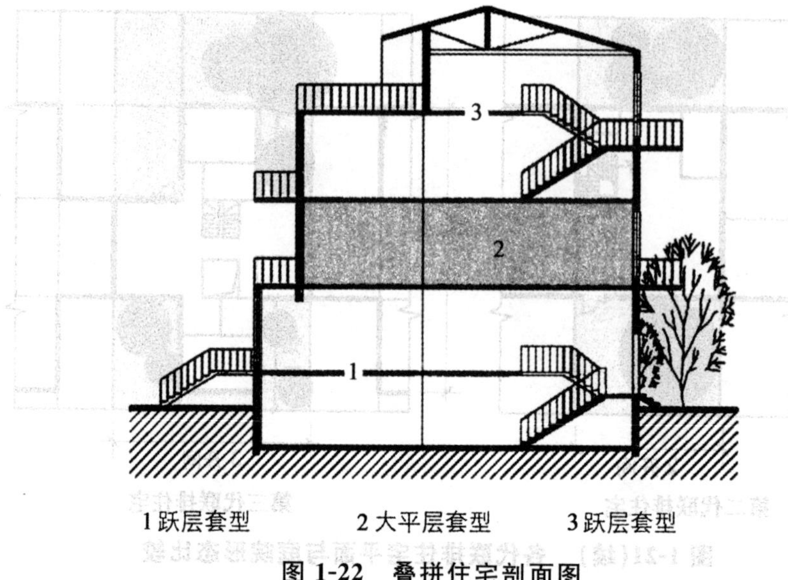

图 1-22　叠拼住宅剖面图

2006 年国家“9070”政策出台，政策指出超过 $90m^2$ 的住宅只能占到总体开发建设总面积的 30%以下。因此开发商拿地后一旦想建造联排住宅或其他类别墅产品，就要同时建造大批中小套型住宅，作为对 70%的 $90m^2$ 以下面积要求的补足。于是住宅项目开发中开始出现“拉高拍低”的现象，即通过“拉高”中小套型产品容积率，来“拍低”类别墅产品的容积率，并通过这种搭配式的开发模式平衡利润率。从产品形式来讲，中小套型部分通常为高层公寓形式，这部分住宅可以满足快销和资金快速回笼的需求。而类别墅产品通常以联排住宅、双拼住宅为主，主要定位于“二改”客户群，由于类别墅产品建造成本相对低，而售价高，可获得较好的利润。因而这一时期的许多住宅项目在规划形态上均呈现出如图 1-23 所示的，外围及北侧为高层、南侧及中心为低层这种高度对比强烈的特征。

图 1-23 “拉高拍低”的规划形态

(4)多层住宅

单元式多层住宅是我国最为常见的集合住宅类型,具有日照通风条件好、容积率适中等特点。早期建设的多层住宅一般不超过 6 层,这主要是因为我国规范规定 6 层以上(部分地区为 7 层以上)住宅需设置电梯。当时电梯造价相对较高,一般的多层住宅为了不配置电梯,通常就做到 6～7 层。但随着城市中土地价格的不断上涨,多层住宅的中低容积率已不符合城市中心区土地开发强度的需求,因此不得不向城市近郊、远郊发展。而原先七八十年代的普通多层住宅因其规划布局形式死板、楼栋造型单一等问题,与郊区的环境及人们对居住品质的追求不协调,于是除了回迁房、经适房外,多层住宅产品也逐步开始走向高端化,形成多种多样的产品形式。

19 世纪末,上海租界区曾出现作为官僚、买办居所的早期花园洋房。2000 年前后,花园洋房概念被再次提出并作为一种新型住宅产品流行上市。2002 年,万科集团在天津推出了“情景花园”洋房产品,这一产品采用逐层退台的阶梯状住栋形式,为各套型住户创造了形式不同、上下交错的露台空间,成为自然景观的良好载体,是我国现代花园洋房的样板(图 1-24)。

图 1-24 万科情景花园洋房

2010 年，金地集团在上海推出“金地佘山天境”和“金地天御”大平层别墅住宅项目。套型产品设计中通过设置局部的室内挑高空间，配置了室内游泳池（图 1-25），部分配置了空中庭院。除保证舒适的私有居住空间之外，项目还通过对社区公共配套设施及景观的投入，来强调其整体的高端品质，如设置专属的酒店区、露天 SPA、宴会厅等。

总而言之，相比于其他低密度高端住宅产品，都市大平层住宅最具优势的就是区位条件，因此项目选址往往位于优越的城市地段，且常常成为“楼王”，具有地标性特点。大平层的产生及回归城市生活的潮流，也是受到郊外配套缺失及老龄化等多方面的影响。但是大城市内的土地资源已经难以挖掘，且价格上涨程度已让很多客户难以承受。加之目前城市环境污染问题的日趋严重，回归城市生活的梦想也随之破灭。都市大平层住宅产品作为昙花一现，只能为少数人拥有，无法推广和形成趋势。

2. 住宅厨房的发展

(1)“合用厨房”

新中国成立初期，原本为一户使用的带独立厨卫的住宅实际由两三户家庭共同使用，在老式合院类住宅中也存在同样的情况。

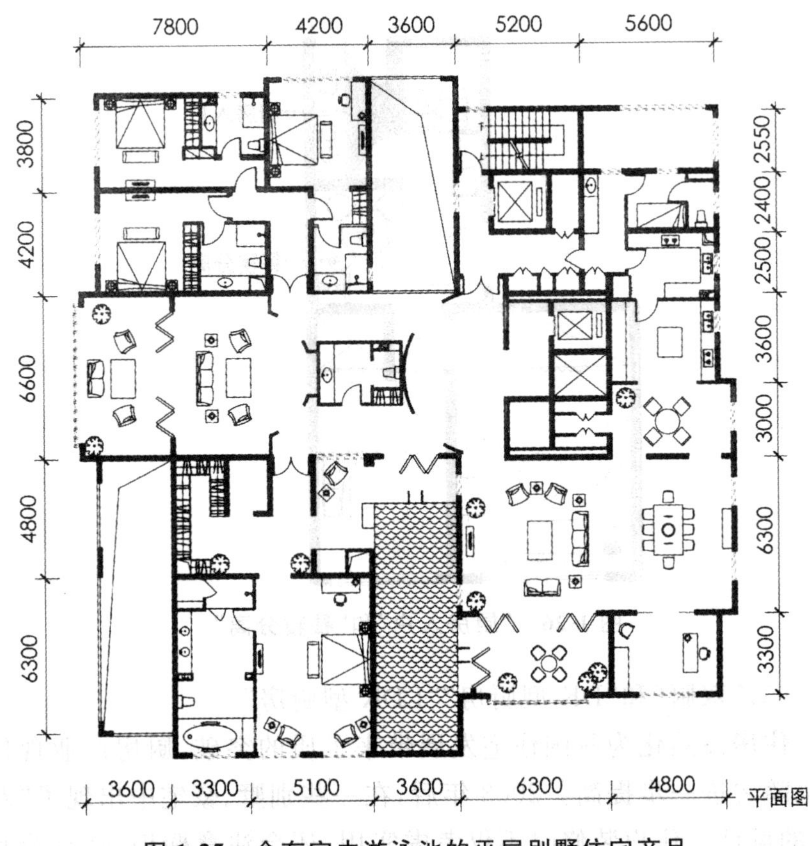

图 1-25 含有室内游泳池的平层别墅住宅产品

(2)“厨房入户”和“餐寝分离”

20 世纪 80 年代中期，国家政策指出住宅应按照“套型”设计，在其后出台的住宅设计规范中规定，住宅每套应设有卧室、厨房、卫生间及储藏空间。至此，“厨房入户”得以逐步推广。在 80 年代中期进行的全国房屋普查中显示，城镇居民有独用厨房的为 62.56%。❶

随着 80 年代“小方厅”户型的出现，住宅进一步做到了“餐寝分离”(但起居等活动仍与睡眠合用同一空间)，实现了功能分室的突破(图 1-26)。

---

❶ 吕俊华．中国现代城市住宅：1840—2000[M]．北京：清华大学出版社，2002.

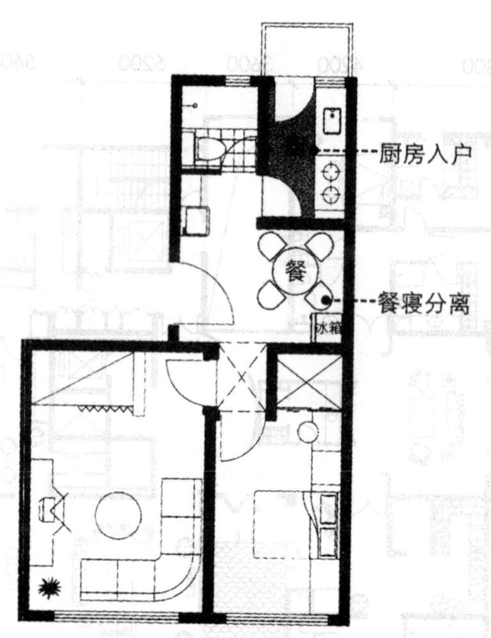

图 1-26 “厨房入户”和“餐寝分离”

(3)“双厨”和“DK 型厨房”“LDK 型厨房”

住房商品化为我国住宅发展带来了质的突破，厨房产业现代化也随之进一步提高。2003 年后，在一些别墅、豪宅中出现了“双厨”的设计。住户装修时不仅考虑实用，还会注意橱柜、灶具及其他厨房设备的美观问题。“DK 型”、“LDK 型”(图 1-27)的开敞式厨房开始被人们接受。厨房的展示性和娱乐性被逐渐提升。

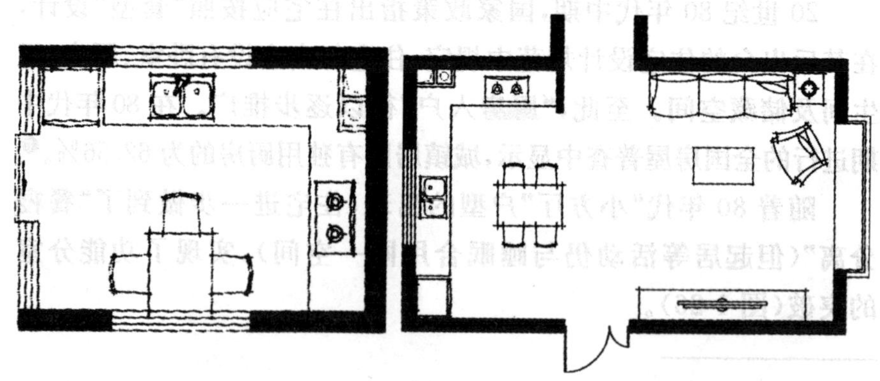

图 1-27 “DK 型厨房”与“LDK 型厨房”

3. 住宅阳台的发展

(1)小面积开敞阳台

从新中国成立初期到改革开放之前的福利分房时期，集合住宅的阳台发展基本上处于萌芽阶段。

这段时期的住宅居住标准较低，多数住宅没有阳台。在住宅设计上国家也没有对阳台作具体规定。但在一些探索性的新型住宅单元标准设计中，已经开始出现南向阳台或北向阳台。例如北京幸福村街坊中，部分住宅套型设计了阳台(图 1-28)，以供住户晒衣服。但此时期有无阳台往往是从立面装饰的角度考虑的更多，并非每一户都有阳台，因此很多住户需在室外的院落里设立晒衣绳架。

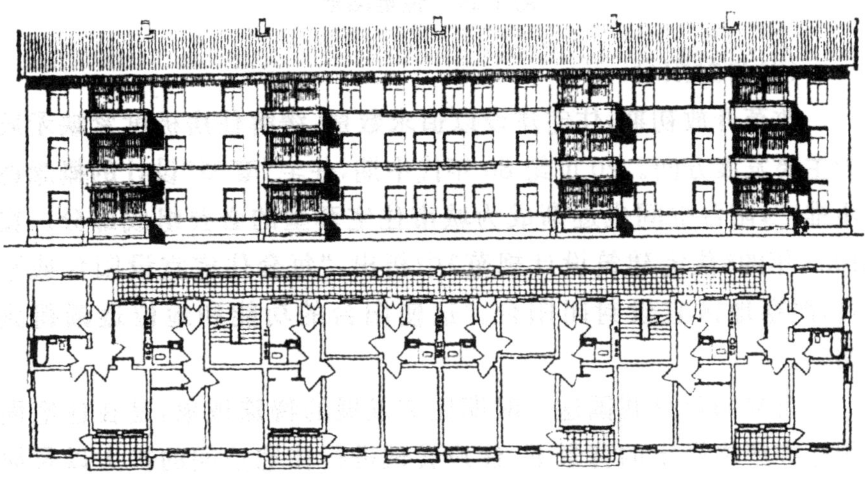

图 1-28　北京幸福街坊部分套型

20 世纪 70 年代后期，住宅标准开始有所提高，居住功能趋于完善。同时住宅的立面设计也更加从功能角度出发，阳台不再是可有可无或立面的装饰。随着生活需求的发展，住宅阳台空间逐渐成为每户住宅的必要组成部分之一。在设置阳台的住宅方案中，基本上可以做到每户都有阳台(图 1-29)。

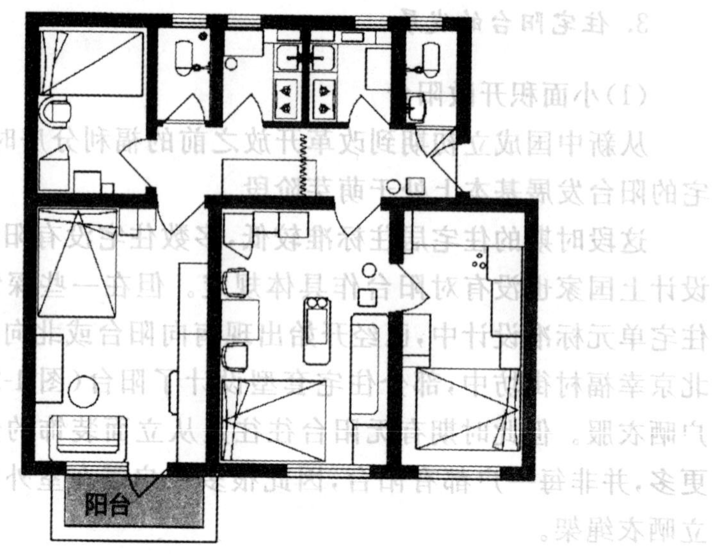

图 1-29 住宅阳台

(2)自封阳台

改革开放初期,住宅建设以追求数量,缓解住房极度紧缺矛盾为主要发展方向。20 世纪 80 年代中期,住宅“套型”设计的概念逐步推广,阳台空间也逐渐成为城市住宅套型的必要组成部分。在 1985 年的《住宅建筑设计规范》中指出:“每套住宅宜设阳台或平台,严寒地区宜设封闭阳台。”这使阳台的功能和地位逐渐得到明确。

自封阳台是我国这一时期住宅发展的特殊现象,是在住宅面积标准严格限定的背景下,住户尝试进行住宅空间的扩大以及居住条件的改善的自发行为,以北方地区更为多见。由于此时期阳台面积计算的特殊性(不计入住宅套型面积),一些单位住房特别是干部住房,也开始利用多建阳台、统一改造阳台等方式,来作为提升干部职工福利,改善居住条件的手段。住户入住后都自行封闭阳台,使阳台成为扩展室内功能空间的重要场所。

自封阳台的主要方式有两种,一种是将服务阳台封闭做厨房,形成 DK 式厨房:一种是封闭生活阳台,并将阳台和客厅等相邻空间的门去掉,以增加室内空间面积,或是作为家庭第二起居空间使用。

(3)封闭阳台与开敞阳台

20 世纪 90 年代中后期,国家住房改革力度持续加大,以商品房、经济适用房等为主的多层次住房体系开始形成。阳台也随着居住水平的提高和住宅功能的增加而丰富发展起来。随着生活需求增多,封闭阳台在北方地区逐渐兴起,有些住宅在开始设计时就按全封闭阳台考虑。

虽然封闭式阳台会比开敞阳台的建设造价高,但是按照当时的国家规定,封闭阳台按水平投影全部计算建筑面积❶,这部分面积销售后所获的利润远远超过建造封闭阳台时所投入的费用;而且阳台统一封闭对于北方地区隔离灰尘、保温隔热都有较好的帮助,使住宅室内的使用环境更好。因此无论是商品房还是福利房在设计时都倾向于设置封闭阳台。此时由于房价并不是很高,购房者对于阳台面积的大小是否会对住宅价格有所影响并无特别关注,只要总价比较合适就愿意购买。

随着住宅的商品化特征越来越明显,阳台也作为住宅功能和立面的销售卖点,蓬勃发展。高档住宅的阳台形式更是变化丰富,从面积和数量上都迅速增加,功能也逐渐扩展,出现了休闲阳台、工作阳台、生态阳台等新概念。❷

北京三环新城在临街面做外廊和封闭阳台,达到隔声减震的要求,金地·格林小镇套内有较多的阳光室,如用落地玻璃窗封闭的阳台和开敞的一步阳台(图 1-30)。

❶ 国家经委[1982]经基字 58 号文件《建筑面积计算规则》中规定,"封闭式阳台、挑廊,按其水平投影面积计算建筑面积。凹阳台、挑阳台按其水平投影面积的一半计算建筑面积。"国家质量技术监督局制定《房产测量规范》(GB/T17986—2000)中计算方法与之相同,都是按阳台封闭与否分别计算面积。

❷ 周燕珉等．住宅精细化设计Ⅱ[M]. 北京:中国建筑工业出版社,2015.

图 1-30　金地·格林小镇开敞式一步阳台

二、我国住宅建筑的发展现状

(一)住宅建设的发展趋势

随着中国经济的快速发展,以住宅建设为主的房地产迅猛发展,居民的居住条件得到显著的改善。

我国住宅需求和建设今后将呈现什么样的趋势,这个问题值得我们去关注。

1. 专家认为:目前的住宅需求仍然是真实需求

建设部政策研究中心的专家认为:到实现"全面小康的2020年,城市化水平达到55%～60%",新增城镇人口需要解决住房问题:原有城市居民存在改善住房条件的需求,每个城镇居民的人均住房要在目前的基础上再增加10m² 以上。目前的住宅建设,很大一部分是通过拆建实现的,特别是在一些旧城区,促进了住宅的建设。目前毕业的大学生、新婚家庭都是购房的生力军。种种资料显示,目前的住宅需求还是真实需求,住宅建设会在一段时间内持续进行下去。

2. 根据相关数据显示，目前我国以住宅建设为主的房地产依然保持快速增长

截至 2016 年 9 月底，全国 100 个新建城市商品住宅均价为 12617 元/平方米，环比上涨 2.83%（图 1-31），涨幅较上月扩大 0.66 个百分点。北京、上海、广州等十大城市新建商品住宅同比上涨 21.49%，均价为 24372 元/平方米。

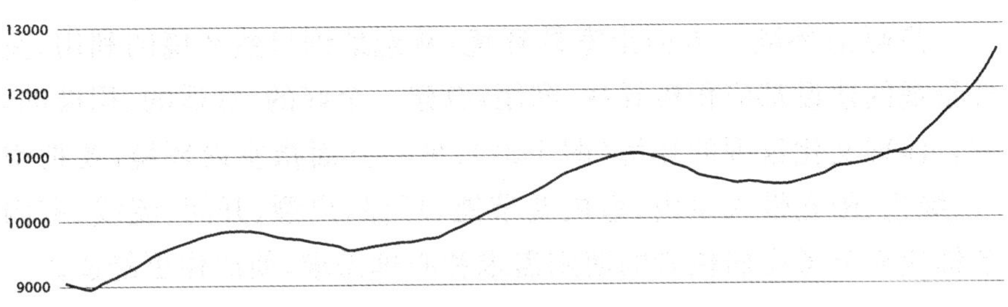

图 1-31　2010 年 6 月至 2016 年 6 月百城住宅价格均价

（数据来源：中国指数研究院百城价格指数）

2016 年 9 月，住宅价格环比 2016 年 8 月上涨的城市个数为 81 个，较上月增加 13 个。其中郑州、无锡、常州、珠海、福州等城市的涨幅较为显著。2016 年 9 月，住宅价格同比 2015 年 9 月上涨的城市个数为 69 个。其中，惠州、昆山、东莞、深圳、廊坊等城市涨幅较大。

3. 住宅建设仍将是我国经济建设的重要组成部分

十六大提出了全面建设小康社会的宏伟目标，住宅建设也要与之相适应，人均居住面积、居住条件都要有显著的提高。住宅建设同时带动相关产业的发展，促进经济建设，加快经济增长速度。

4. 住宅建设还存在一些问题

住宅建设的问题主要表现在：投资规模过大，投资增幅仍然

偏高;供需矛盾加大,房价偏高,与人们的收入差距较大,人们购买力不强;土地资源消耗过大,供应不足,环境污染问题严重;住宅产业化不强,以粗放型为主;住宅的科技含量不高,建设质量也存在问题;居住的整体环境还有待完善等。

(二)住宅建设的未来发展趋势

1. 高舒适环境

高舒适环境一方面指室外环境,从选址到自然环境的利用、室外景观的建设都应积极寻找、利用,营建一个好的、舒适的、积极的,并且体现文化氛围的环境(图 1-32);另一方面指室内环境,要把空气、绿色、阳光带入室内,室内要节能、环保,户型、开间、流线、室内装饰应充分考虑居住者的使用需求和心理需求,使居住更舒适。

图 1-32 万科十七英里住宅

2. 高生态环保

住宅小区建设应以可持续发展为目标,向生态住区方面建设,利用科学技术手段,对小区的环境设计、建筑节能设计、室内物理环境设计、水环境、建材、废弃物的收集和处理等进行综合考虑,减少对资源和能源的消耗,减少对环境的污染,营造一个健康、舒适、安全、美观、文明的生态住区。图 1-33 为国外某住宅建筑室内生态模式图。

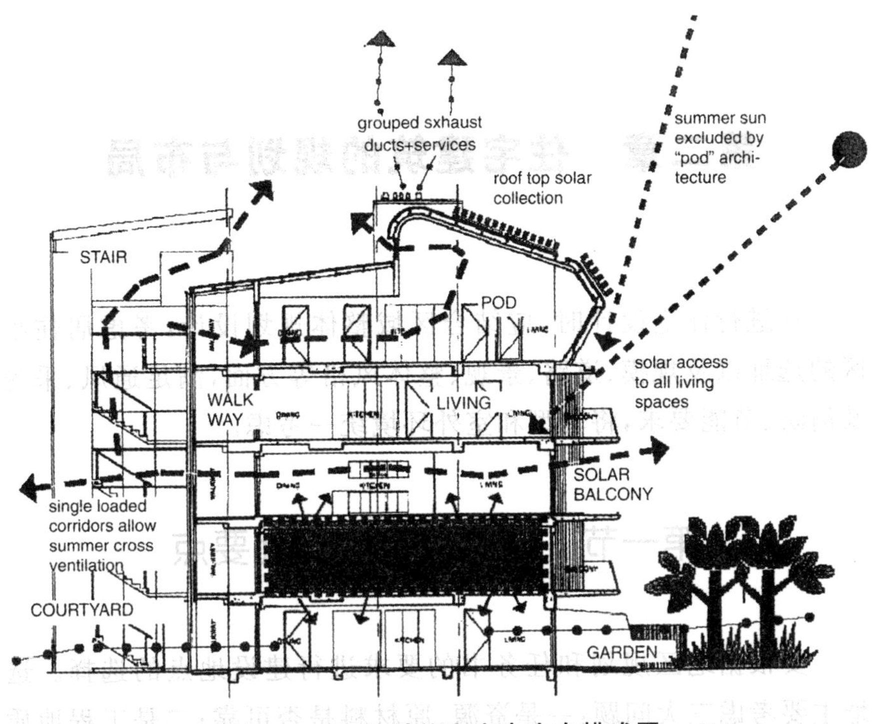

图 1-33　国外某住宅室内生态模式图

3. 高智能化

一要建立安全的防护体系；二要有良好的信息环境；三要考虑家务工作的便捷化和自动化；四要考虑水、暖、电、燃气、消防的方便实用，以及查表交费等方面。

4. 高技术含量工业化、装配化

提高住宅的产业化，融入最新的科学成果，提高住宅的技术含量，如结构体系、节能墙体、厨卫技术、管线技术、智能化技术、施工技术和环境及其保障技术。国家也相应地提出了加强住宅产业化建设方面的政策。

5. 高性能标准

为提高住宅的质量，国家颁布了《住宅性能认定指标体系》，将住宅性能划分成适用性能、安全性能、耐久性能、环境性能和经济性能五个方面，目的是不断提升我国住宅建设的整体水平。

第二章 住宅建筑的规划与布局

在进行住宅设计时，应结合区域整体规划设计，考虑居住小区的选址以及规模、道路、景观、整体风格等方面，满足通风、采光及消防、节能要求，将套型和室外环境统一考虑。

第一节 住宅建筑的选址要点

要根据地区规划和任务书的要求进行建设地点的选择。选址主要考虑三大问题：一是资源、原材料是否可靠；二是工程地质和水文地质等自然条件是否可靠；三是交通运输、燃料动力等外部条件是否具备，经济上是否合理。应从社会发展、城市发展、城市布局、更新改造等方面选择，重点是城市发展结构的要求，要和城市规划紧密结合。

任何项目都必须慎重选择建设地址，应将多方面的问题进行综合研究、通盘筹划，从多个方案中选出一个最佳方案，提交选址报告。

除此之外，还应该考虑住宅建筑与环境的关系。

设计之初，设计者必须对地段环境进行分析，并且要深入现场、踏勘地形。一方面要分析环境特点及其对该工程的设计可能产生的影响，要综合考虑客观环境与主观意图的矛盾、地形与基地大小的比例、交通问题与现存建筑物的关系等问题。抓住主要矛盾，问题就会迎刃而解。另一方面也要分析所设计的对象在地段环境中的地位及作用。通过理性分析的构思才可能使设计得体，设计的新建筑才能与环境相互辉映、相得益彰、和谐统一、融为一体。

在城市环境中，建筑基地多位于交通干道或广场旁，受城市规划的限定较多。这种环境中是以建筑为主，如果该建筑是环境中的“主角”，就要充分地表现，使其能起到“主心骨”的作用，如果不是“主角”，就应保持谦和的态度“克己复礼”，自觉地当好“配角”。

第二节　住宅建筑规划的基本要求

一、居住区用地要求

(一)居住区用地的组成

根据居住区土地功能的不同，可以将其划分为住宅用地、公共设施用地、道路用地和公共绿地四部分。

住宅用地即建筑物基底以及四周间距内的用地，一般包括宅间绿地和宅间小路。公共设施用地也叫公建用地，指的是为服务居民建设的各种设施用地，包括居住区场院、停车场等。道路用地即居住区内通行道路及居民汽车停放的场地。公共绿地是为居民提供游憩休闲场所及设施的绿地区域，一般包括居住区的公园、小游园和一些组团绿地(图 2-1)。

图 2-1　某小区平面图与实景图

(二)居住区的规模

居住区的规模是按照居住户数和人口的规模来划分的,按照不同的标准可以分为居住区、居住小区和居住组团三类,见表2-1。

表2-1 居住区分级控制规模

	居住区	居住小区	居住组团
户数(户)	10000～15000	2000～4000	300～1000
人口(人)	30000～50000	7000～15000	1000～3000

居住区一般由城市干道或自然分界线围合而成,建设有较为完善的、能满足该地区居民物质文化需求的公共服务设施。居住小区常由区级道路和自然分界线围合而成,配套设施基本能满足居民的物质文化需求。居住组团人口规模较小,配备有基层公共服务设施。这三级居住区之间常常是包含与被包含的关系,虽然规模大小不同,但都由住宅用地、公共设施用地、道路用地和公共绿地四部分组成,并且在规划建设时要按照不同的指标进行规划(表2-2)。

表2-2 用地范围与平衡控制指标表

用地	范围	用地平衡控制指标		
		居住区	居住小区	居住组团
住宅用地	建筑基底占地及其四周合理间距内的用地(含宅间绿地和宅间小路)	50%～60%	55%～65%	70%～80%
公共服务设施用地	一般称公建用地,是与居住人口规模相对应配建的、为居民服务的各类设施的用地,应包括建筑基底占地及其所属场院、绿地和配建停车场等	15%～25%	12%～22%	6%～12%
道路用地	居住区道路、小区路、组团路及非公建配建的居民小汽车、单位通勤车等停放场地	10%～18%	9%～17%	7%～15%

续表

用地	范围	用地平衡控制指标		
		居住区	居住小区	居住组团
公共绿地	满足规定的日照要求、适合于安排游憩活动设施的、供居民共享的游憩绿地，应包括居住区公园、小游园和组团绿地及其他块状、带状绿地等	7.5%～18%	5%～15%	3%～6%

注：用地平衡控制指标为各类用地占总用地比例。

二、住宅建筑设计基本原则

根据我国《民用建筑设计通则》(GB50352－2005)的规定，民用建筑设计除应执行国家有关工程建设的方针、政策外，还应遵循下列基本原则。

(1)按照可持续发展战略的原则，正确处理人、建筑和环境的相互关系，这是建筑设计的总原则。

(2)合理利用城市土地和空间，贯彻节约用地、节约能源、节约用水和节约原材料的基本国策。

(3)尊重自然、保护自然，建筑设计必须保护人类生态环境，防止建筑污染和对环境的破坏。

(4)符合当地城市规划的要求，符合城市规划部门制定的有关条例，并与周围环境相协调。

(5)贯彻“以人为本”的设计理念，充分尊重人的需求，满足人们物质与精神两个方面的要求。建筑设计应体现对残疾人、老年人的关怀，应在室内外环境中提供无障碍设施。

(6)建筑和环境应综合采取防火、抗震、防洪、防空、抗风雪和雷击等防灾安全措施。

(7)在国家或地方公布的各级历史文化名城、历史文化保护区、文物保护单位和风景名胜区的各项建设，应按照国家或地方制定的保护规划和有关条例进行。

第三节 住宅建筑的合理布局

一、空间布局

居住区的规划布局通常考虑地理位置、光照、通风、周边环境等因素，因地制宜，这也使得居住区的整体面貌呈现出多种风格。

(一)片块式布局

片块式布局的住宅建筑在形态、朝向、尺寸方面具备较多的相同因素，不强调主次关系，建筑物之间的间距也相对统一，居住区位置的选择一般较为开阔，整体成块、成片，较为集中(图 2-2)。

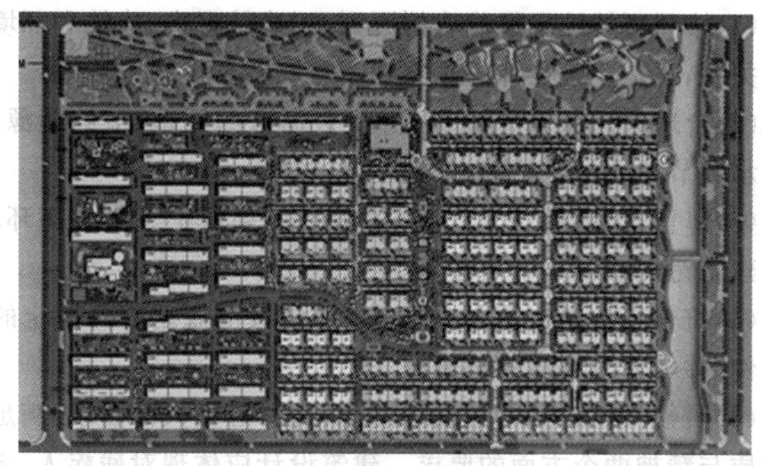

图 2-2 片块式小区布局

(二)向心式布局

顾名思义，指的是居住区建筑物围绕着占主导地位的要素组合排列，区域内有一个很明显的中心地带(图 2-3)。

图 2-3　向心式小区布局

(三)集约式布局

集约式布局是将居民住宅和公共配套设施集中紧凑布置,同时开发地下空间,利用科技使地上、地下空间垂直贯通,室内外空间渗透延伸,形成一种居住生活功能完善,同时又节省建筑空间的集约式整体模式(图 2-4)。

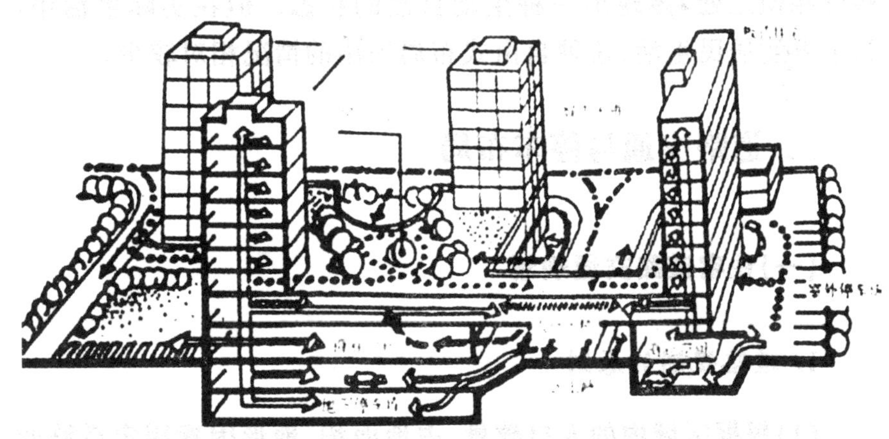

图 2-4　集约式小区布局示意图

(四)轴线式布局

空间轴线具有极强的聚集性和导向性,通常以线性道路、绿带以及水体构成，居住区沿轴线布局，或对称、或均衡，起到了支配全局的作用（图 2-5）。

图 2-5　轴线式小区布局

（五）自由式布局

这种布局形式没有明显的组合痕迹，建筑物与各种设施之间的排放较为自由，形态变化较多，与中国传统园林的构园模式有些许相似之处，体现出一种生动自然的状态。但在实际生活中，为了方便居民生活，这种自由式布局采用的情况相对较少。

二、道路交通与停车布局

（一）住宅道路交通规划

1. 道路规划的原则

（1）根据区域内的人口数量、占地面积、地形因素制定道路的总体形式。

（2）道路设置尽量服务于本区居民，避免外来车辆横穿，以增加交通压力，并产生噪声污染。

（3）设置不同层级的道路，实行人车分流，既要保证交通流畅，也要保证居民的出行安全。

(4)道路的安排不影响居住区内地下管线及其他设施的安全。

(5)道路设置要便于在特殊情况下（如火灾、地震）疏散居民。

(6)在满足其基本功能的前提下，尽量实现道路线条的美观。

2. 道路规划的基本要求

(1)综合考虑该区域人口、地形、交通等方面的因素，尤其是地形坡度要符合控制指标，如表 2-3 所示。

表 2-3 居住区道路纵坡控制指标

道路类别	最小纵坡	最大纵坡	多雪严寒地区最大纵坡
机动车道	≥0.2	≤8.0L≤200m	≤5L≤600m
非机动车道	≥0.2	≤3.0L≤50m	≤2L≤100m
步行道	≥0.2	≤8.0	≤4

注：L 为坡长(m)，本表摘自《城市居住区规划设计规范》GB50180－1993。

(2)居住区内道路与城市道路相连接时，其交角为 90°时最为适宜，无法满足时应不小于 75°。

(3)建筑物长度超过 150m 时，应设置宽度合适的消防车道。

(4)居住区内的主干道应设置两个以上的出入口，机动车出入口之间的距离要在 150m 以上，以免发生交通拥堵。

(5)居住区道路的长度不宜超过 120m，有利于控制机动车的行驶速度，在道路尽端应设置足够空间的回车场地。

(6)在一些冰雪严寒多发的地区，路面要采取防滑措施。

(7)居住区道路要进行分级规划，以满足不同的交通需求。居住区道路通常可分为四级：居住区道路（宽度约 9m）、小区道路（宽度 6～9m）、组团路（宽度 3～5m）、宅间小路（宽度约 2.5m）。此外，还有一些居民步行的专用道路，宽度设置比较灵活，供步行通过即可。

(8)居住区道路要与建筑物保持一定的距离，不影响居民的正常生活，同时也能保证居住区内部的交通安全，见表 2-4。

表 2-4　道路边缘距建筑物的最小距离

<table>
<tr><th colspan="3">分类</th><th>居住区道路</th><th>小区路</th><th>组团路及宅间小路</th></tr>
<tr><td rowspan="3">建筑物面向道路</td><td rowspan="2">无出入口</td><td>高层</td><td>5.0m</td><td>3.0m</td><td>2.0m</td></tr>
<tr><td>多层</td><td>3.0m</td><td>3.0m</td><td>2.0m</td></tr>
<tr><td colspan="2">有出入口</td><td>—</td><td>5.0m</td><td>2.5m</td></tr>
<tr><td colspan="2" rowspan="2">建筑物山墙面向道路</td><td>高层</td><td>4.0m</td><td>2.0m</td><td>1.5m</td></tr>
<tr><td>多层</td><td>2.0m</td><td>2.0m</td><td>1.5m</td></tr>
<tr><td colspan="2">围墙面向道路</td><td>—</td><td>1.5m</td><td>1.5m</td><td>1.5m</td></tr>
</table>

注:摘自《城市居住区规划设计规范》GB50180－1993。

3. 道路规划的形式

住宅外部交通组织方式可以分为“人车分行”和“人车混行”两大类。在道路网络形态与联系方式上,应根据居住区规模、地形特征、住宅外部空间结构等多因素综合考虑,一般可分为环状式、贯穿式、尽端式和混合式等多种形式,如图 2-6 所示。

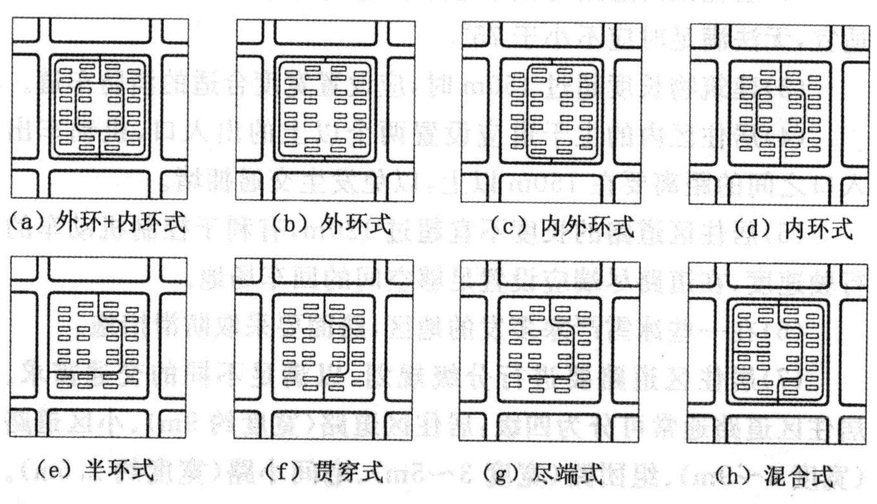

图 2-6　居住区内道路网络形式[1]

[1] 赵小龙. 居住建筑设计[M]. 北京:冶金工业出版社,2011.

4. 出入口布局是由交通组织来确定的，应先说明人车混行和人车分行

(1)出入口类别

按在小区整体规划中所处的地位划分，居住区入口可分为主入口、次入口、专用入口三大类。

居住小区主入口是小区与城市沟通的主要通道，因此通常设立在小区对外联系最便捷的位置，方便小区住户的出入与生活。如临近公交站点、社区商业服务网点、城市公园等；另一方面，主入口在小区所有入口中处于主体地位，应具有相应规模与尺度，提供人流集散、车行交通、休憩观景、小区活动等相关功能，因而通常会与小区主广场以及主要道路直接联系，并且以方便到达小区内各主要地方为宜。在满足以上功能的同时，主入口与城市街道直接联系，在很大程度上代表着小区的整体风格，并与城市街道景观相融合，成为城市形象的有机组成部分。

次入口是相对主入口而言的，常常作为单独的人行入口或车行入口使用。需要注意的是，对于用地规模较大的小区，多个次入口之间根据具体情况常常做相对主次的划分，因而需要通过相应空间景观的设计与处理来达到所需效果。

小区专用入口主要是为了小区的一些特殊功能要求而设，如消防的需要，其形式可以处理成和围栏一样，在紧急情况下可以打开通车，从远处看这个入口会使人认为它也是围栏。还有的小区入口为了运送垃圾等废物而设。这种入口大门平时也不打开。

按小区所承担的交通组织作用划分，居住区入口可分为人行出入口、车行出入口与人车混行出入口三种类型。

人行出入口是指专供人员通行，一般不通机动车辆的出入口，并在小区内与人行步道相连接，构成人行系统。人行出入口由于排除了机械交通，因而出行安全，受限较小，可以创造出更加丰富的小区入口景观。在设计中常常结合小区内的景观步道

形成一组景观序列，入口即成为序列的起始节点，并运用绿化、水体等景观要素营造出自然亲切的氛围，这样当住户从入口进入小区内部时感受到一个形象整体、一气呵成、安全舒适的景观环境。因此，人行主入口常常会被置于小区入口的主导地位，并与一定尺度的步行广场及步道相匹配，作为小区主入口来进行设计（图 2-7）。

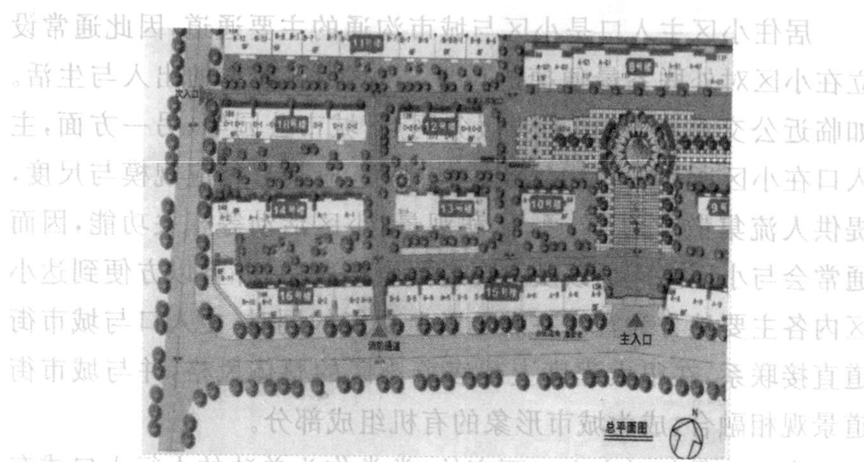

图 2-7　小区入口

车行出入口是指主要供机动车通行的出入口，与小区内车行道路以及车库相联系构成车行系统，车行出入口与车行道路的两侧一般可布置成人行道，供行人通过。车行出入口的设置应满足小型车以及消防车的通行需要，并与城市道路之间进行合理连接。主要的车行出入口应留足一定空间，供不进入小区内部的车辆回车或短时间停靠用。

人行与车行分开设置时，行人与车辆各行其道，既有利于行人安全，营造丰富的步行景观，也有利于提高车辆通行效率。混行设置时，行人与车辆从同一入口进入小区，相互之间会产生一定的干扰，其优点是可节省管理资源。在混行设置的情况下，应尽量让人与车辆能够清晰地辨认自己的活动区域与路径，减少相互之间的冲突，在设计中可以从路面高差、材质、颜色上作区分，通过大门、绿化、水体等景观要素作划分，这样虽说是同一个入口，但实际拥有不同的进入通道，从而将相互的干扰大大降低。具体方式如可在车辆进出的两侧或者单侧布置供行人进出的通道，并与车道之间设置适当的高差（100～150mm），或者通过绿化等方式将其分隔为人、车两个通道，在可能的情况下，甚至还可为非机动车设置相应的行驶区域，使人、非机动车、车辆三者在入口通行时避免交叉（图 2-8）。

图 2-8 人车混行入口

以上所说的两种分类，在理解时需要注意如下问题，即主、次入口与人行、车行出入口之间是并行的关系。一个入口的主次只是代表其在小区整体规划中的相对地位，同时，它可能是单独的人行出入口或者车行出入口，也可能是人车混行出入口。

（2）居住区入口的位置选择

居住小区入口的位置首先应根据小区的总体规划来确定，小区主入口，必须要和小区主要道路和小区主广场直接相联系，并且做到到达小区各个主要部分比较方便。在满足使用功能的前提下根据居住小区景观设计的总体定位对出入口进行形象设计。

设计时主要遵循城市规划要求❶、周边环境选址❷情况等，根

❶ 居住小区入口根据城市规划的要求，要与城市道路取得良好的关系，要有方便的交通以及供主要人流量的来往。一般来说，小区的主入口位置应选择和小区周边最主要的城市道路相衔接。

❷ 居住小区入口的位置应充分考虑周围的环境情况，如附近其他小区及街道的位置，附近是否有学校、机关、团体以及公共活动场所等，这些因素都直接影响小区入口位置的确定。

据小区总体规划选址❶。

综合以上分析，在确立小区入口时，首先应遵循城市规划要求，然后在考虑周边环境的基础上结合居住小区的总体规划进行调整，最后得出合宜的方案。

（二）住宅停车规划

1. 地面停车规划

居住小区机动车的停放方式一般有平行停车（图 2-9）、斜插式停车（图 2-10）和垂直停车三种形式，具体选择哪种方式依照实地情况而定。

平行停车是指停车方向与场地边线或者道路中心平行，采用这种停车方式每辆车所占地的宽度最小，是最适宜路边停车场的一种方法。但是，为了车辆队列后面的车能够驶离，前后两辆车间的净距离要求较大。因而在一定程度上，这种方式所能停放的车辆数比其他方式少 1/3～1/2。

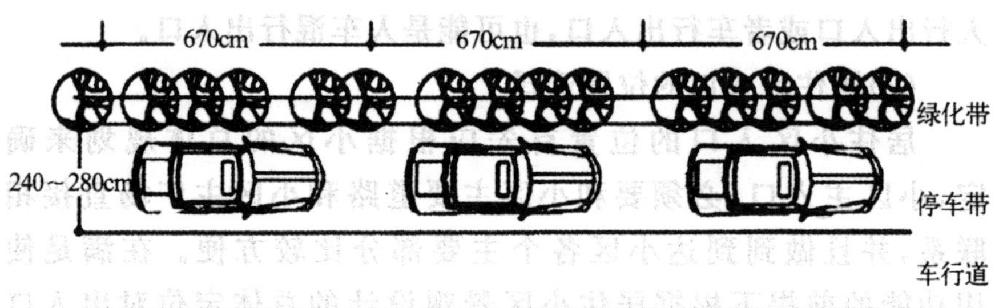

图 2-9　平行停车❷

❶ 居住小区总体规划也是入口位置选择需要考虑的重要因素。小区内各住宅建筑的布局、小区交通流线、小区消防疏散等因素和入口位置的选择密切相关。尤其是小区主入口，必须和小区主要道路、主广场直接相联系，并且做到到达小区各个主要部分比较方便。

❷ 许浩．城市景观规划设计理论与技法［M］．北京：中国建筑工业出版社，2006．

斜插式停车有前进停车和后退停车两种方式，前进停车比较普遍，适用于车道较窄的地方。

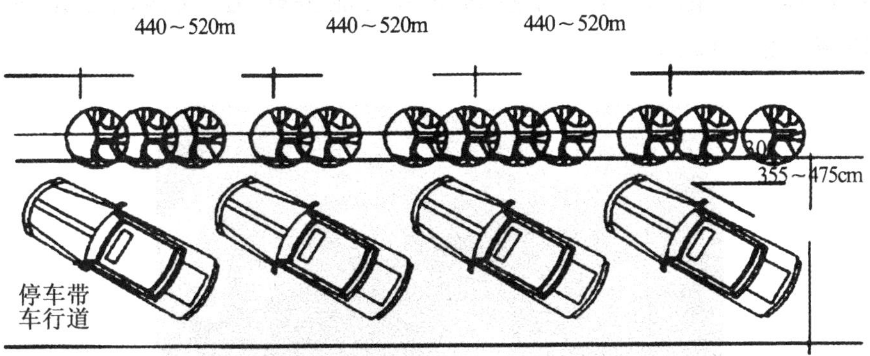

图 2-10　斜插式停车

垂直停车指车辆垂直于场地边线或者道路边线停放，汽车所占地面较宽，可达 9～12m，并且车辆驶出停车位均需倒车一次。在这种停车方式下，车辆排列密集，用地紧凑，一般的停车场和宽阔停车道都采用这种方式停车。

居住小区非机动车（摩托车、自行车）停车设施有集中和分散停放两大类。

2. 地下停车规划

（1）地下汽车库的一般形式

地下停车库有单建式、附建式及两者的混合式共三种基本形式，如图 2-11 所示。目前我国多采用单层形式。

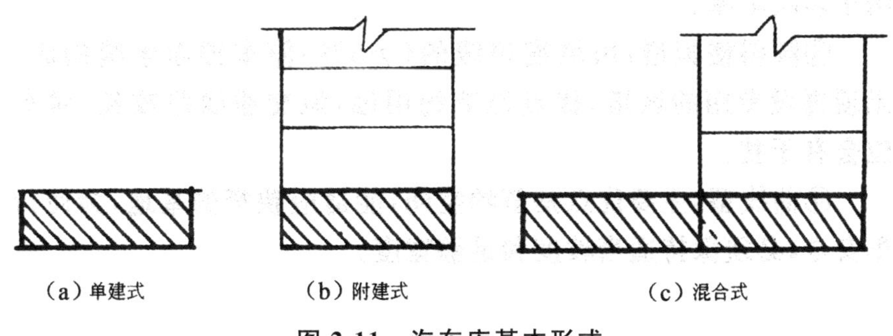

图 2-11　汽车库基本形式

地下停车场由于不占地表面积，所以在现代城镇居住小区中应用逐渐普及。地下停车场的顶部混凝土结构层上覆土可以作为绿化用地，充分做到使用功能多样化，以提高土地利用率(图 2-12)。

图 2-12　地下车库通风口植物造景

(2)地下汽车库的竖向交通

地下汽车库的地上地下、多层汽车库的层与层之间的垂直交通方式分为坡道式(图 2-13)和机械式两类，根据不同的功能特性，两类中又可分为若干具体形式。坡道式对居住区较为适宜，它有以下几种形式。

①长直线型：优点是上下方便，结构简单，在地面上的切口规整，采用此种形式的较多。

②短直线型：优点是使用方便，节省面积，但结构较复杂，适用于多层车库。

③倾斜楼板型：由坡度很缓的(≯5%)停车楼面连续构成，无须再设专用的坡道，优点是节约用地，但交通线路较长，对车位会有干扰。

④曲线型：主要优点是节约空间，能适应狭窄的基地，为使行车安全，必须保持适当坡度和足够宽度。

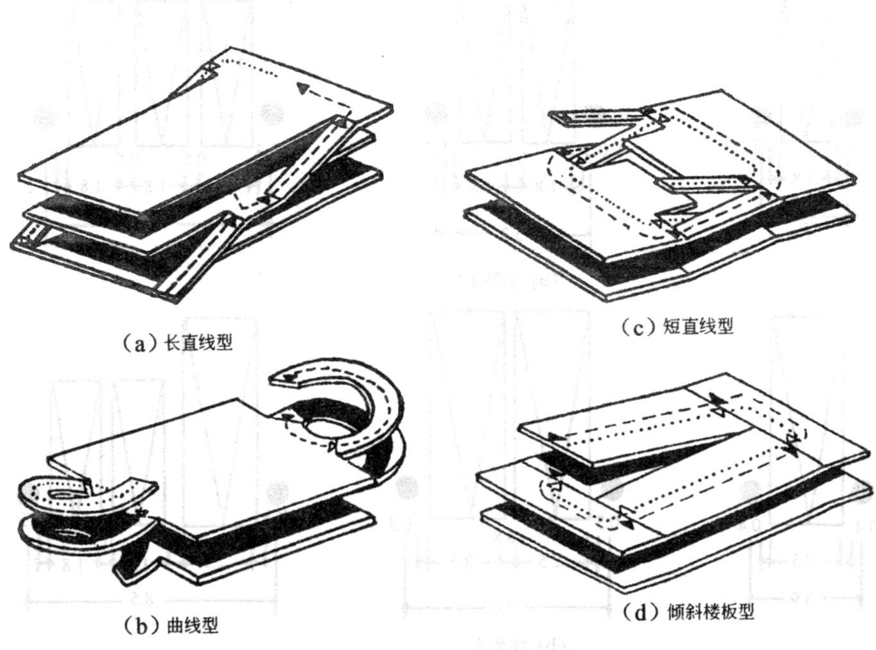

图 2-13 坡道形式

(3)汽车库几项尺寸要求

①汽车库室内最小净高:小型车——2.20m;轻型车——2.80m。

②疏散口:地上汽车库和停车场,当停车位大于 50 辆时,其疏散口数不少于 2 个。地下车库停车位大于 100 辆时,其疏散口数不少于 2 个。疏散口距离不小于 10m,汽车疏散坡道宽度不应小于 4m,双车道不宜小于 7m。

③汽车库门前需留有足够场地供调车、停车、洗车等作业。

④汽车库柱网尺寸(图 2-14)。

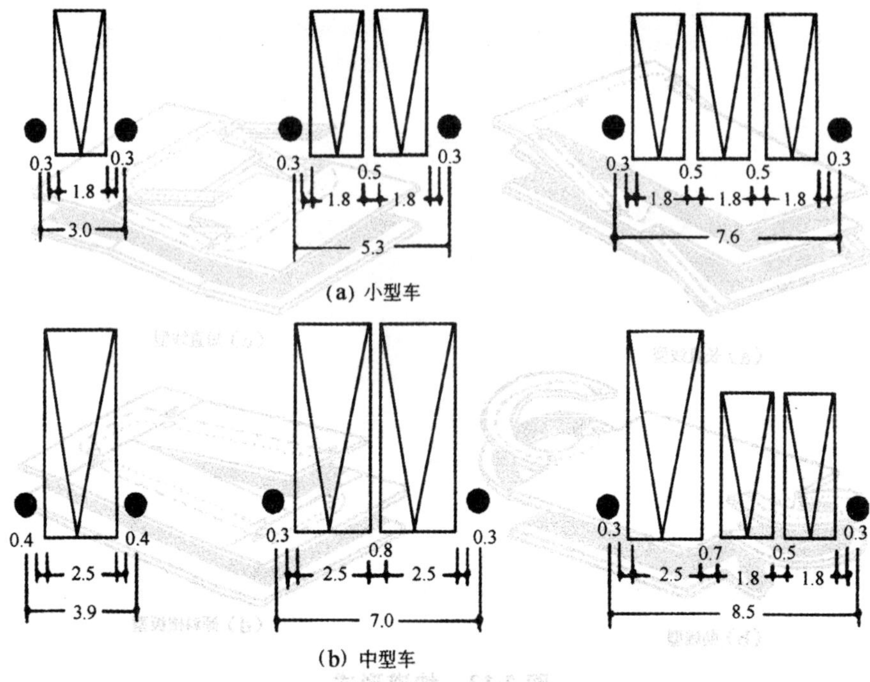

图 2-14 汽车库柱距的最小尺寸(m)

三、活动场地布局

(一)儿童游戏场地

儿童喜欢多样化的活动,因此,儿童游戏场地需要根据小区儿童的数量来决定场地的大小和游戏设施的丰富程度。景观设计要考虑到游戏设施的遮阴功能,使儿童在夏季游戏时不受酷晒。

由于儿童强烈的好奇心,需要环境提供高频率的刺激来满足这种心理需要,所以常选用红和绿、黄和紫等颜色进行布置。

安全性因素除了要注意场所与小区主要道路的相对隔离来阻止机动车辆的进入,以保持相对安静外,儿童游戏场地的铺装都要采用塑胶材料,以基本消除潜在的安全隐患。

儿童娱乐设施应该依据科学的儿童各阶段人体机能尺度来设计。在儿童游戏中，沙戏是最重要的一种，幼儿在戏沙时会感到轻松愉快。对幼儿和儿童而言，沙坑既是一个与大地亲密接触的场所，也是一个有助于提高创造意识、体验群体活动的场所（图 2-15、图 2-16）。

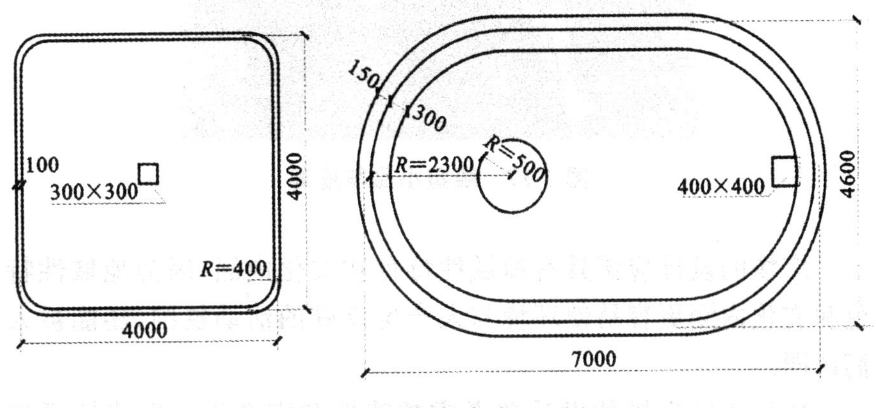

图 2-15　小区沙坑平面图

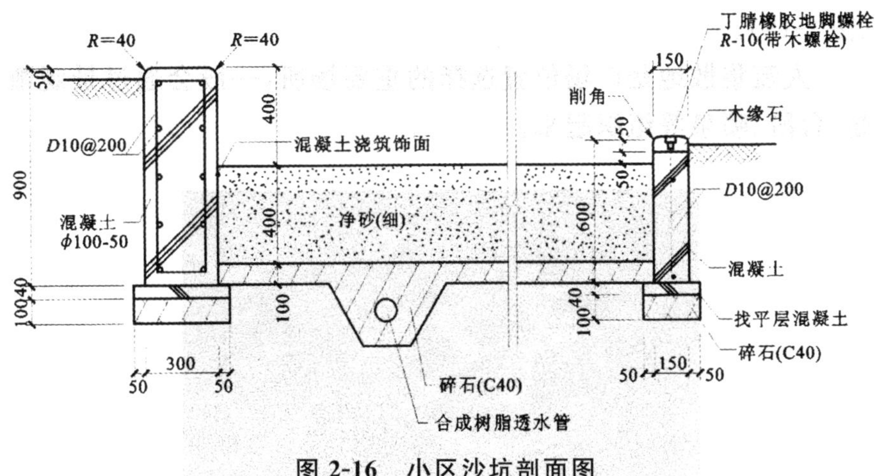

图 2-16　小区沙坑剖面图

（二）中心广场

广场中的喷泉、文化景观设施、游戏场地等都极具引导性，当然，也不能忽略广场的一些边角空间的设计（图 2-17）。

图 2-17　雕塑小品与座凳

广场的设计应该具有地域性特色和文化内涵，因为地域性特色和文化内涵更容易使环境与人产生良好的活动氛围，还能被人们认同。

居住小区广场的设计要考虑趣味性和安全性。趣味性可以让人心情愉悦，而安全性让居民感到浓浓的居住氛围和归属感（图 2-18）。

人流集散地是广场位置选择的重要场所，一般会通过景观雕塑、台阶、喷泉等组织起来。

图 2-18　中心广场

(三)运动场地

1. 居住小区运动场地标准

居住小区运动场地具有一定的用地标准。这些运动场地的设置在一定程度上要满足成年人和老年人的健身需求,同时也为部分年轻人和儿童提供玩耍和健身的场所。通过居住小区运动场所的延伸,还可布置棋牌场、门球场、晨练场、健康步道、足部按摩区等功能场地。对于居住小区各种运动空间的科学设置请参照表 2-5。

表 2-5 开放空间的体育用地标准

设施类型	用地面积	服务半径	hm^2/1000 人
邻里空间	2～4hm^2	0.8km	0.8～1.2
街区空间	4～12hm^2	1.6km	0.6～1.2
社区空间	60～80hm^2	4.8～8km	2～2.6
地区空间	200～400hm^2	16～32km	4～12

2. 居住小区健身运动场所设计要求及要点

居住小区的运动场地一般包括网球场、篮球场、羽毛球场等硬质运动场和室内外游泳场,以上运动场地应按其技术要求设计,见表 2-6。居住小区运动场地景观设计应该注意周边的绿化和休息设施的设置,为运动的人们提供遮阴和休息的空间。

根据活动的需要和用地条件,居住区健身运动场的布局一般可为三级或二级布置。常见的健身运动场有户外乒乓球场、羽毛球场、网球场、排球场、篮球场、小型足球场、门球场等(图 2-19)。

表 2-6　户外运动场地尺寸

场地	长(m)	宽(m)
足球场	105	68
篮球场	28	15
网球场	23.77	10.97
排球场	18	9
羽毛球场	13.4	6.1
乒乓球场	14	7
门球场	27.4	22.4

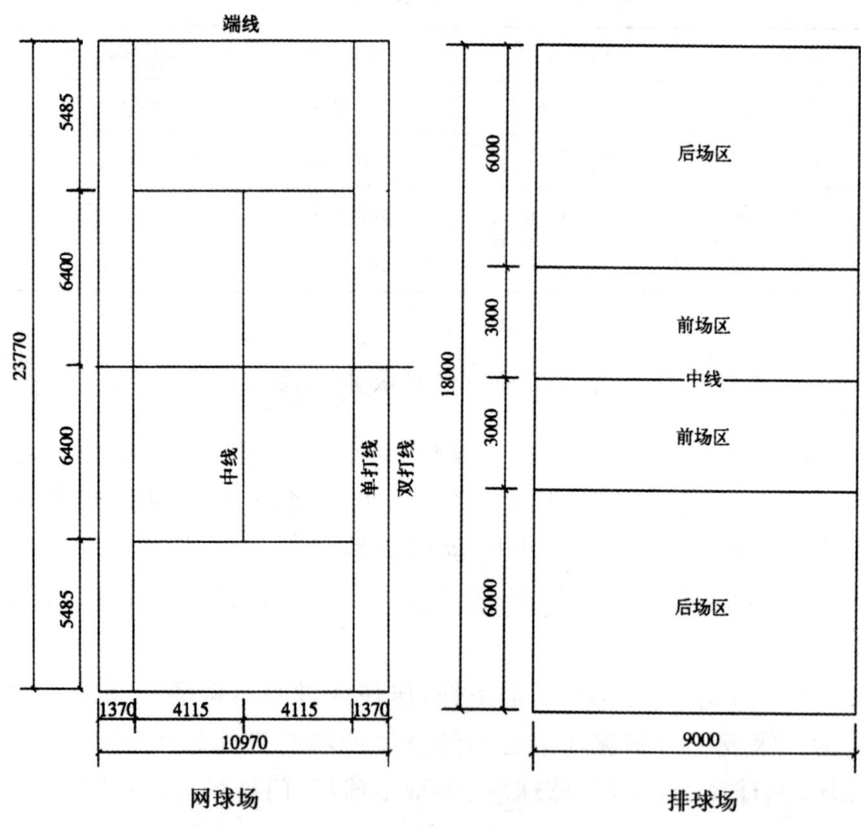

图 2-19　户外运动场地尺寸示意图(mm)

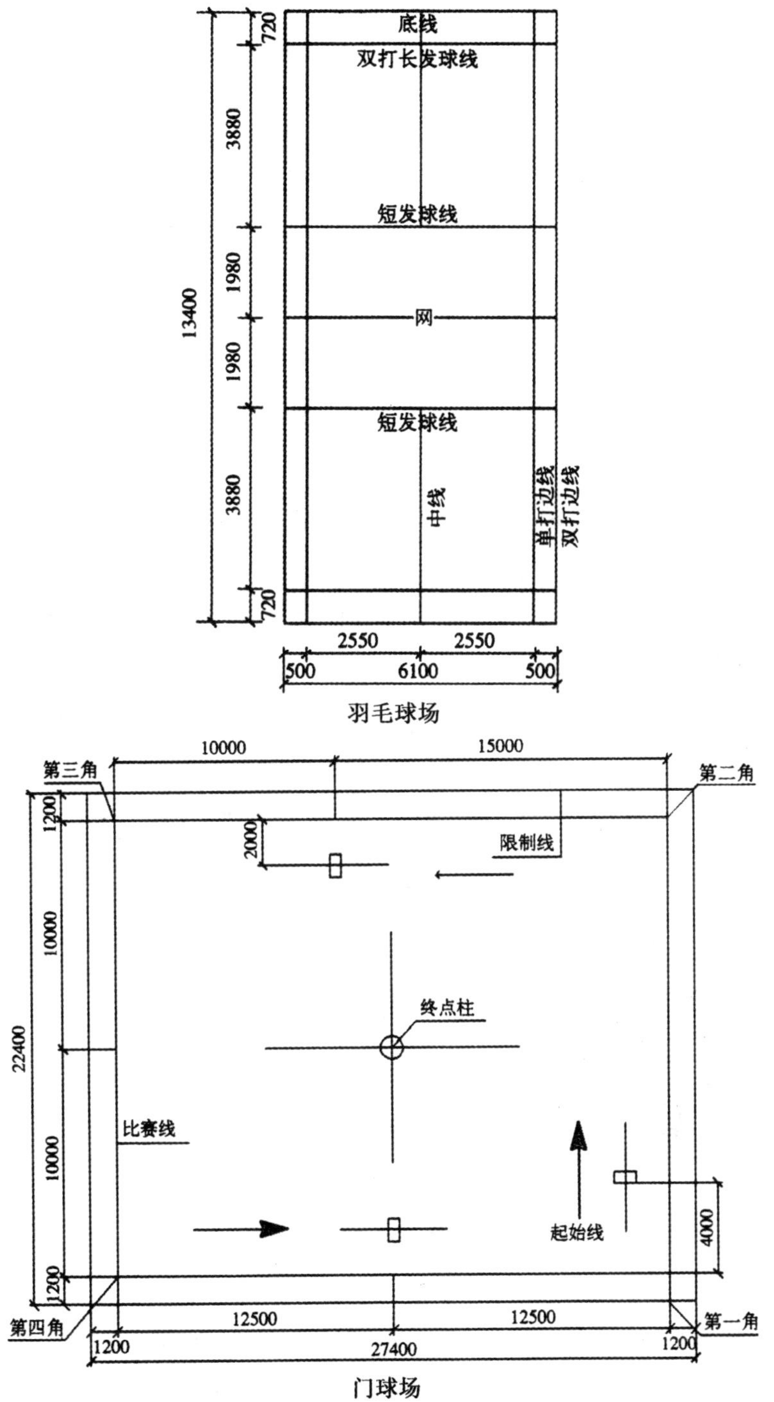

图 2-19(续) 户外运动场地尺寸示意图(mm)

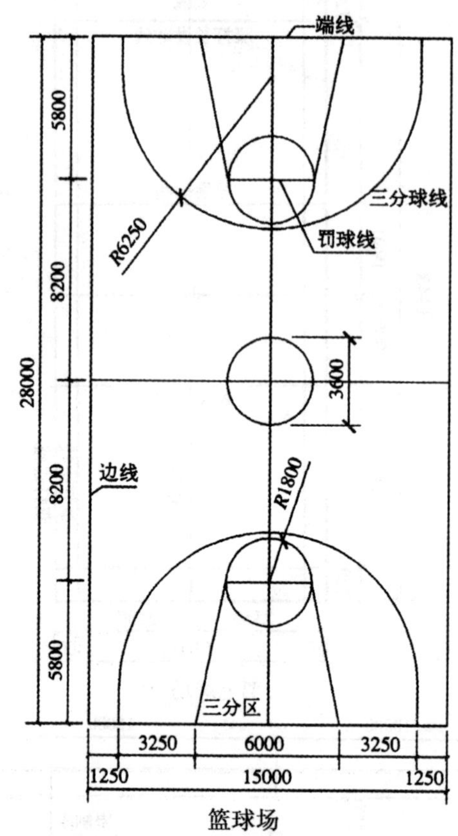

图 2-19(续)　户外运动场地尺寸示意图(mm)

四、住宅建筑环境景观布局

(一)居住区环境构成与相关设施设置

1. 居住区环境构成

(1)气候环境

居住区的整理设计与局部设计都离不开气候环境，通常包括温度、湿度、光环境，以及风、气压、降水量等因素。在所有的气候因素当中，光环境无疑是最为重要的一个因素。在白天的自然光条件下，我们所要做的就是根据人们生理、心理上的光线需求和视觉趣味，对自然光进行合理利用。一方面可以利用光的特质创造佳景，另一方面如果光过强时也要蔽之。而在居住区夜景照明的设计上，更要从照明技术、灯具选择、大众使用需求和人的生理、心理等多方面考虑，力求为居民营造一个舒适、温和、安静、优雅的生活气氛。

在气候环境中排第二位的因素是温度。一个好的居住环境，必须有适宜的温度。实验表明，气候温度环境应低于人体温度，保持在 24℃～26℃的范围内为最佳，这就要求我们在选择居住区基址时，尽量考虑温度的舒适性。

风对居住区环境的影响同样重要。在基址的选择时，既要避免过冷、过热、过强的风，又要有一定风速的风吹过，要有意识地通过建筑、植物、景观设计来疏导自然气流，并通过扩大绿化种植面积，适当增加水面面积等方式，来调节通风量的强弱。

(2)视觉环境

居住区视觉环境的设计就是通过提取视觉感知范围、感知对象的形式、视觉感知频度等方面的信息，从而获得视觉美感。

(3)声环境

居住区声环境是评价居住区环境质量的重要指标之一，最重要的就是住户周围，包括室内、室外各种生源对居住者在生理、心理上的影响。

2. 居住区相关设施设置

在城市居住区中，公共服务设施、道路和公共绿地以及户外活动场地设置的项目、数量和规模一般应根据相应的分级规模进行配置，既要考虑居民的便捷性，也应考虑各类设施设置和运营的经济性(表 2-7)。

表 2-7 居住区相关设施一览表

分类	项目	居住区级	小区级	组团级
教育	托儿所		★	■
	幼儿园		★	★
	小学		★	
	普通中学		★	
医疗卫生	门诊所		■	★
	卫生站			
	医院(200～300 床)	■		
文化教育	文化活动中心(文化站)	★		
	文化活动站		★	■
	社区活动(服务)中心	★	★	
	居民运动场	■		
商业服务	粮油店		★	■
	燃气站		★	
	菜市场	★	★	
	食品店	★		
	综合副食店		★	■
户外活动场地与绿地	幼儿游戏场地			★
	儿童游戏场地		★	★
	青少年活动场地	★	★	
	老年人健身休闲场地	★	★	
	居住区公园	★		
	居住区游园绿地		★	
	住宅院落绿地			★
道路	居住区主要道路	★		
	小区主要道路		★	
	组团主要道路			★
	宅间道路			★

注：■表示宜设置项目；
★表示应配建项目。

(二)居住区绿地布局形式

1. 布局形式

(1)规则式

这种布局以规则的几何图形为整体框架,又可以分为对称规则式和不对称规则式两种。对称的规则式则有明显的主轴线,沿主轴线,将道路、绿化、建筑小品等成对称式布局,让人感受到一种庄重、规整的氛围(图 2-20),但也有人认为其形式比较呆板。而不对称的规则式相对自然一些,没有明显的轴线感,给人的整体感觉是整齐、明快,这种布局较适合于小型绿地,如一些小游园、组团绿地等。

图 2-20　居住区规则式绿地布局

(2)自然式

自然式布局也称为自由式,即布局方式比较灵活,多采用曲折迂回的道路,将自然地形当中的池塘、坡地、山丘合理规划到绿地布局当中,给人以自由活泼、富于自然气息的感觉(图 2-21)。

(3)混合式

所谓的混合式是将规则式与自由式结合在了一起,这种布局的灵活性比较强,根据地形或功能上的特点,既有自然式的自由度,又有规则式的庄重感;不仅与四周建筑广场相协调,同时也兼顾了自然景观的艺术效果。这种布局比较适合于中型及以上规模的景园。

图 2-21 居住区自然式绿地布局

2. 不同类型绿地布局

(1)公共绿地的布局

公共绿地在所有居住区绿地当中的使用功能可以说是最大的，它提供的服务辐射范围很广，服务对象几乎是居住区内的全部居民，并且需要面向各个年龄段的人群，因而在布局设置上必须要结合居住区的建筑群落。一般来讲，公共绿地的位置离住宅入口的步行距离在 100m 左右为宜，面积在 1000m^2，一些规模较大的居住区可以适当拓展。另外，组团绿地的设置还应该满足不少于 1/3 的绿地面积在标准的建筑日照阴影线范围之外，这既是发挥绿地景观效益的要求，也有利于居民的休闲游憩活动。

(2)宅旁绿地的布局

宅旁绿地的面积一般较小，但分布的范围最广，使用效率也最高。在日常生活中它直接为居民提供清新的空气和优美、舒适的生活环境，与人们的关系最为密切。这类绿地的布局设置要以能种植花、草、树木为主，并且达到较高的绿化率，通常讲绿化率在 90%～95%能发挥其最佳效益。在植物种类的选择上，要力求多样化，将观花、观叶、观果的各种灌木、藤本植物合理搭配，充分表现观赏植物的自然之美。

(3)公共绿地的布局

公共服务设施当中的绿化布置既要满足公共建筑和公用设施的功能要求，又要考虑公共设施绿化布置与周围环境的关系，实现整体协调一致。根据服务设施的不同性质，绿地设置要形成不同的风格。例如，小区内的商业网点、服务行业及各种活动中心可以采取相对自由的布局风格，与休闲娱乐性相符合。而中小学校、幼儿园等用地的绿化就要考虑创造出清新优美、开敞明朗的室外空间，与公共服务设施的功能相协调。

(4)道路绿地的布局

道路绿地能够将居住区内的绿地以线的形式串联起来，形成一个整体的绿化网络结构，道路绿地不仅是各个绿化带之间连接的纽带，还能起到导向、围合、分割的作用。居住区内的道路包括小区主干道、组团道路、宅间小路等。

小区主干道和组团道路，有一定的长度和宽度，树木种植一般采取统一的类型，形成整齐划一的整体结构，既起到观赏作用，又能充分调节局部小气候。另外，需要注意树木布置时与住户的窗户保持一定的距离，以免影响住户的采光和视线。宅间小路的长度和宽度都要有限，越靠近居民住宅，它的布置要以净化、美化环境为主，可以根据实际情况灵活掌握(图 2-22)。

居住区主干道直接与外界道路相联系，车辆交通比较频繁。绿化过程中，在道路的交叉口和转弯处的树木种植不得妨碍行驶车辆的视距，通常情况下只选择高度在 0.7m 以下的灌木种植，以便为交通安全创造良好条件。

主干道的行道树应选取树冠高大伸展的乔木，能够起到降温遮阳的作用。同时在高大乔木以下可以搭配各种灌木、花卉和草本植物，形成高低错落、疏密相间的道路景观，这有利于生态环境保护。主干道两侧也可以适当设置座椅、长凳等，供过往行人休息使用。

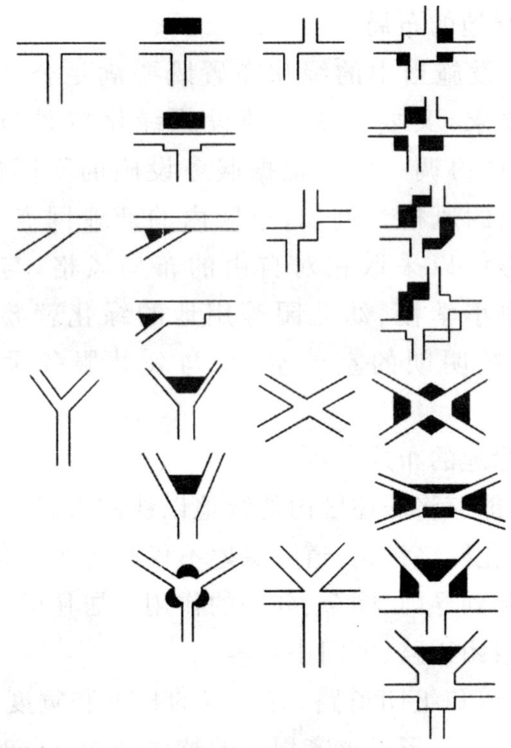

图 2-22 道路交叉口的绿化示意

小区道路起着连接各个居住区的作用，以人行交通为主，车辆较少。绿化树种可以选择一些富于变化的乔木，不同道路可以选择不同的树种，增强其识别功能。小区道路与建筑物距离较近，绿化时还应注意树木的防尘减噪功能。另外，小区道路还需要与组团绿化和宅旁绿化紧密配合，形成整体(图 2-23)。

组团路是联系住宅组团的道路，主要以自行车和人行为主，绿化与建筑物的联系十分紧密，多采用小乔木和低矮灌木。在特殊情况下，组团道路还要满足消防、救护、搬运等方面的需求。

宅间小路则是通往各个单元和住户之间的道路，宽度一般不超过 3m，道路的绿化树种通常选用低矮的灌木和花卉，并且不宜距道路太近，有的道路两侧以草坪搭配。宅间小路的绿化应本着灵活、多元的原则进行，采用不同形式的布置，以便于住户识别家门(图 2-24)。

图 2-23 道路绿地

图 2-24 宅间小路的绿化

(三)居住区场所景观设计

1. 软质景观

软质景观通常指非人工材料或主要以非人工材料创造的景观效果,常以绿化种植与水体经营为主。

(1)花坛

花坛是指在绿地中利用花卉布置出精细、美观的绿化景观。花坛植物材料宜采用 1～2 年生花卉、部分球根花卉和其他温室育苗的草本花卉类。花坛布置应选用花期、花色、株型、株高整齐一致的花卉,便于配置协调。花坛应具有规则、群体、讲究图案效果的特点。

花坛的形式主要有独立花坛、组合花坛、立体花坛(图 2-25)、异形花坛等几种。花坛在庭院、居住区绿地中广为存在，常常成为局部空间环境的构图中心和焦点，对活跃小区空间环境、点缀环境绿化景观起着十分重要的作用(图 2-26)。

图 2-25 立体花坛

图 2-26 奖杯花坛

(2)花架

花架作为带状性的构筑物，其在景观中划分空间的作用与廊类似，但是与之相比形态更多变，且随着植物物候变化(如开花或者结果)其造景效果更为突出，因而与自然环境更易于协调。花架还经常与其他小品结合，如座椅、山石、雕塑等，组成一个新的景观。花架平面有直线式、折线式、圆形式、多边形、弧形式等，从立面来看有双排列柱式、单柱式、梁柱式、墙柱式等，按材料分有藤架、竹木花架、砖石花架、钢花架、混凝土花架等形式。

材料上，一般花架底部是水泥、金属等较稳固的结构。花架因常年为植物所覆盖，因此局部的机理和质感极为重要，设计师在进行设计时应予以重视。花架的颜色要与植物相协调，保持自然清新的格调。可选择攀援植物绿化花架，以观赏类植物为主，例如紫藤、木香、藤本蔷薇、九重葛等绿植。花架的高度根据实际情况而定，一般为 2.1～2.7m，顶到地面高度一般为 2.5～2.8m。

(3)花境

花境也称花缘、花径，是用比较自然的方式种植的小灌木、宿根花卉或多年生草本花卉，常呈带状布置于路旁、草坪、墙的边缘，或溪河或树林的一侧。

花境有以下几种类型。

①灌木花境

由具有花、果、叶观赏价值的灌木组合而成的花境。常用植物花卉如月季、南天竹等。

②球根花卉花境

由各种球根类植物花卉组成的花境，观赏性较强。常用植物花卉如百合、水仙等。

③宿根花卉花境

由耐寒性较强、可在冬天露地生长的多年生宿根植物花卉构成的花境。常用植物花卉如芍药、萱草等。

④专类植物花境

由一类或一种植物花卉组成的花境。虽是专类花卉，但需在色彩、大小上有所区别，以避免单调。常用植物花卉类别如芍药类、蕨类。

⑤混合花境

混合花境可称作是灌木花境和宿根花卉花境的组合体，主要由灌木和宿根花卉混合构成，是运用较为普遍的一种花境形式(图 2-27)。

花境不同于花坛，需要经常更换品种，而是常年栽植，因而花期不一致，只要求花株的色彩、形态、高度、稀密都能协调匀称即可。花境选用的花卉以花期长、色彩鲜明、栽培简易的宿根花卉为主，适当搭配其他花木。

图 2-27　单面观混合花境

总体来讲，花境内部的植物花卉应选用花期较长、花果叶等较具有观赏价值的植物花卉为主。对于花境观赏面种植床边缘的镶边植物也应当有所考虑，可以选用常绿矮灌木或是多年生的草本植物，如金叶女贞、葱兰、瓜子黄杨等。

在花境内部的植物配置方式上，则是以自然式花丛为基本单元，采用自然式种植方式。

(4)花池与花台

花池是在边缘用砖石围护起来的种植床内灵活自然地种植花卉、灌木或小乔木，有时还配合置石以供观赏(图 2-28)。花池内的土面高度一般与地面标高相差甚少，最高在 40cm 左右。当高度超过 40cm，甚至脱离地面被其他物体所支撑时，就称之为花台，但最高不宜超过 1m。

花池和花台是花卉造景设计中最能体现中国传统特色的花卉应用形式，在中国各类古典园林中都比较常见，是花木配置方式及其种植床的统称，面积一般不大，是在表现整体神韵的同时也着重突出单株花木和置石的微型种植形式。尤其花台距地面较高，缩短了观赏时的视线距离，最易获得清晰、明朗的观赏效果，便于人们仔细观赏花木、山石的形态和色彩，品味花香等(图 2-29)。花池和花台内的植物首选小巧低矮、枝密叶微、树干古拙、形态别致、被赋予某种寓意的传统花木，点缀置石如笋石、斧劈石、钟乳石等，以创造诗情画意的氛围。

图 2-28 花池

图 2-29 花台

花池台座的外形轮廓通常自由灵活、变化有致，多采用自然山石叠砌而成，在我国古典园林中最为常见，常用材料有湖石、黄石、宜石、英石等，还可与假山、墙垣、水池等结合。花台台座的外形轮廓通常为规则的几何形，古代多用块石干砌，显得自然粗犷或典雅大方，现代多用砖砌，然后用水泥砂浆粉刷，也可用水磨石、马赛克、大理石、花岗岩、贴面砖等进行装饰。需要注意的是，虽然花池和花台的台座相比花坛的种植床要精美华丽，并属于欣赏的对象，但也不能喧宾夺主，偏离了花卉造景设计的主题。

(5)草坪与地被绿化模式

优良草坪的绿化主要在选择植物问题上，重点可以从以下几个方面进行把握。

①植株低矮，茎叶密集、柔软、有弹性，叶片细，耐践踏。

②色泽美丽，整齐一致，绿叶期长。

③对环境适应性强，具有一定的抗寒性或耐热性。

④生长旺盛，再生能力强。

⑤耐割剪。

⑥对人畜无害。

地被植物的绿化模式主要有以下几种。

①树坛、树穴

树坛一般处于半阴状态，适合大多数地被植物的生长。若裸露面积不大，应采用单一的地被材料；若面积较大，可采用两种以上的地被材料混种，但不能过多，以免显得杂乱。自然种植的树下配置地被植物，通常是随意种植于树干的基部周围，在种类选择上，应求得与上层乔木色彩、姿态的相得益彰，从而显盎然之生机，得自然之野趣。例如，郑州人民公园的油松树下种植鸢尾，油松古朴，鸢尾活泼，春季开明亮的黄色花，两者搭配得当，动中有静，颇具情趣，使季相景观异常丰富(图 2-30)。

图 2-30　树坛

②路旁

根据道路的宽度与周围的环境，可以在道路两侧配置一些与环境相适应、枝、叶、花、果富于变化的地被植物，形成草径或花径。配置时要注意与上层植物层次上的高低错落，在季相与色彩上要富于变化，从而使原本单调、空旷的园路充满生机与活力。

③林下、林缘

林下大多为浓荫、半荫且湿润的环境，要根据郁闭度的不同选择合适的植物种类。树林下配置地被，不仅能保持水土，而且能丰富林相层次、拓宽景深，体现自然群落的分层结构和植物配置的自然美。

④其他

例如，在山石驳岸配置吉祥草、阔叶麦冬、沿阶草，再点缀几棵云南黄馨，拱枝从岸上沿驳岸垂于水面形成倒影，呈现出青枝、绿叶、黄花之景，摇曳水中，饶有趣味。在建筑物前的银杏下方，配植花叶蔓长春花、金丝桃、沿阶草，可实现与建筑物的墙基和铺装地面的自然衔接，使层次富于变化，色彩对比强烈、娇艳，景观效果好。在藤架旁配置红花酢浆草、沿阶草、吉祥草，与藤架上的紫藤上下呼应、活泼可爱，既烘托了气氛，又增添了情趣。

2. 硬质景观

硬质景观通常指用人工材料或主要依靠人工材料创造出来的景观效果。

(1)雕塑

雕塑小品是一种硬质景观，泛指用质地较硬的材料制作的景观，它与种植绿化这类软质景观相反。雕塑小品与周围环境能共同塑造出一个完整的视觉形象，同时赋予景观空间环境以生气和主题，通常以其小巧的格局、精美的造型来点缀空间，使空间诱人而富于意境，从而达到提高整体环境景观的艺术境界。

景观小品雕塑题材大多是人物和动物的形象，也有植物或山石以及抽象的几何体的形象，它们来源于生活，往往却予以比生活本身更完美的欣赏和玩味性，美化人们的心灵，陶冶人们的情操，有助于表现景观主题。景观雕塑的取材应与景观建筑环境相协调，要有统一的构思，使雕塑成为景观环境中一个有机的组成部分。

雕塑按使用功能分为纪念性、主题性、功能性与装饰性雕塑等。从表现形式上又可分为具象和抽象、动态和静态雕塑等。在布局上一定要注意与周围环境的关系，恰如其分地确定雕塑的材质、色彩、体量、尺度、题材、位置等，展示其整体美、协调美。要配合住区内建筑、道路、绿化及其他公共服务设施设置，起到点缀、装饰和丰富景观的作用。

雕塑应具有时代感，要以美化环境、保护生态为主题，体现住区人文精神。以贴近人们使用的原则，切忌尺度超长过大。在居住区特殊场合的中心广场或主要公共建筑区域，可考虑竖立主题性或纪念性雕塑。雕塑一般不宜采用金属光泽的材料制作。

(2)亭

亭："亭者，停也。人所停集也。"——亭是供人们停留聚集的地方。"随意合宜则制"，意为可以按照设计意图并适应地形来建造。其适应范围极广，是景观里应用最多的建筑形式。

亭的高度宜为2.4～3m，宽度宜为2.4～3.6m，立柱间距宜在3m左右。木制凉亭应选用经过防腐处理的耐久性强的木材。盘结悬垂类的藤木凉亭设计应确保植物生长所需空间，因为凉亭下会形成阴影，这里不应种植草皮，可用不规则的平石铺砌地面。

亭的建筑材料多使用木材、混凝土、钢材等做梁柱，装饰构造则多使用木材或钢材。棚架一般采用圆柱做梁柱、竹料做立柱，近几年的庭院设计则多采用仿木混凝土材料，以提高棚架的耐久性。它的造型姿态较为丰富，不一定要墨守成规，可以是传统的攒尖、歇山、卷棚、庑殿等，也可以具有现代建筑的特点。

亭的选址很灵活，根据其游憩造景的不同功能，在居住区绿地中，其主要的基址类型可分为以下几种。

①景观轴线上建亭

在居住区视线景观轴线的一边或两边，设置造型独特的景亭，可增强轴线景观的空间多样性，形成视觉焦点或兴趣中心。

②结合水体或山石植物建亭

不同的水体，比如溪涧、泉、瀑、湖、潭等，均可结合景亭造景，以营造亲水空间，增强艺术感染力。若结合山石植物造景，则可塑造山林野趣。

③结合广场、园路、休闲草坪建亭

为满足人们歇息停驻的需求，在人们活动较多的场所，比如广场、园路、休闲草坪等处，应合理设置休闲亭。

(3)廊

廊："廊者，庑（堂前所接卷棚）出一步也，宜曲且长则胜。"——廊是从庑前走一步的建筑物，要建得弯曲而且长。"或蟠山腰，或穷水际，通花渡壑，蜿蜒无尽。"——意为或绕山腰，或沿水边，通过花丛，渡过船壑，随意曲折，仿佛没有尽头。廊主要作为景观中联系的手段，有很强的"黏结能力"。

廊具有引导人流、视线，连接、划分空间，提供休息场所以及形态造景等多个功能。在中式园林风格建造中，廊可与亭、景墙等相结合，形成丰富变化的景观效果，大大增强其观赏价值和文化内涵。

廊以有顶盖为主，根据平面形式可划分为直廊、曲廊、回廊等；根据分篇砌块可划分为空廊、单廊、复廊等；根据层数可划分为单层廊、双层廊和多层廊。廊的材质一般来说应以木、竹、石等自然材料为主，也包括钢材、玻璃等人造材料。廊的宽度和高度设定应按人体尺度控制比例关系，避免过宽过高，一般高度宜在2.2～2.5m之间，宽度宜在1.8～2.5m之间。

在居住区景观环境中．廊的主要基址类型可分为以下几种。

①建筑出入口

廊由于其造型的自由与丰富，常常作为建筑和建筑内外空间的连接通道。廊的外形及构造应与建筑整体保持风格上的统一。

②广场、道路等活动场地

廊在满足人们休憩、观景需求的同时可划分空间。在人流活动较多的场所合理设置不但能满足游人休憩的需求，还可增强空间的层次感。

③主要景观空间

廊还可结合亭、墙、水体、植物、雕塑等建筑小品，营造多姿多彩的景观空间。

廊的设计应充分考虑休憩、观景及造景等因素的需求。在空间的处理上应注重与地形的结合，可随形而曲，也可高低错落，使自然空间相互渗透和延伸，起到阻隔空间但又不影响视线通透的效果。

廊的细部色彩、材质及形体的设计应与周围建筑物及环境空间协调统一，以形成丰富而整体的景观效果。

(4)榭

榭："榭者，藉也。藉景而成者也。或水边，或花畔，制亦随态。"——榭含有凭借、依靠的意思。是凭借风景而形成的，或在水边，或在花旁，形式灵活多变。

榭的基本形式是在水边架起一个平台，平台一半伸入水中，一半架立于岸边，平面四周以低平的栏杆相围绕，然后在平台上建起一个木构的单体建筑物，其临水一侧特别开敞，成为人们在水边的一个重要休息场所。榭这种建筑是凭借周围景色构成的，它的结构依照自然环境的不同可以有各种形式，如水池边的可称水榭，赏花的则可称花榭等。

(5)构架

景观建筑小品中的构架在景观设计中往往具有亭、廊的作用，可以像游廊一样形成导游路线，也可以用来划分空间，增加风景的深度(图 2-31)。构架做点状布置时,就像亭子一样,形成观赏点。花架是小品构架中的一种表现形式,具有消夏、遮阴的作用。在花架设计的过程中,应注意环境与土壤条件,使其适应植物的生长要求。还要考虑在没有植物的情况下,花架也应具有良好的景观效果。

图 2-31 构架

(6)景墙

景墙在景观建筑中一般系指围墙和屏壁(图 2-32)。它们主要用于分隔空间、丰富景致层次及控制、引导游览路线等,是空间构图的一项重要手段。景墙的形式很多,如云墙、梯形墙、白粉墙、水花墙、漏明墙、虎皮石墙、浮雕墙等。

景墙是居住区内用于分隔、引导空间的构筑物,同时应具有较强的观赏性。其材料主要包括各种天然文化石、卵石、面砖、铁艺、玻璃、金属等,其造型有直线型、曲线型、折型和倾斜型。设计时应注意满足结构的安全性要求,同时,景墙的尺度、造型应与空间环境相契合,还可与其他建、构筑物进行组合设计。在居住区内,低矮的景墙可起到空间的分割与引导作用,较高的景墙可在其上开挖洞口,作为人员通行以及框景或漏景之用。

图 2-32　道路边设置的景墙

第三章　住宅建筑的构思与设计

住宅建筑是人类发展过程中重要的建筑类型之一，住宅建筑的构思与设计需要我们充分了解住宅建筑的基本构造、套型设计、不同高度的住宅建筑设计、特殊环境条件下的住宅设计等，为建筑的设计提供有力的帮助。由此，本章将对住宅建筑的构思与设计相关的理论展开论述。

第一节　住宅建筑的基本构造

在通常情况下，一幢建筑物由基础、墙(柱)、楼板层与地面、楼梯、屋顶与门窗等六大部分组成。我们来对这些基本的构造加以具体论述。

一、基础

(一)基础的概述

所谓基础，就是指建筑物最下部的承重构件，其主要的作用就是承受建筑物的整个荷载，并把这些荷载传给地基。所以，基础一定要十分坚固、稳定，并且还要求能够抵御地下各种有害因素的侵蚀。

建筑物的所有载荷都通过基础传给地基，每平方米所能承受的最大压力，称为地基容许承载力(也叫地耐力)。为了保证房屋的稳定和安全，必须满足基础底面的平均压力不超过地基允许承载力。如以 f 表示地基的承载力，N 代表建筑的总荷载，A 代表基础的底面积，那么可以列出下列关系式：

$$A \geqslant \frac{N}{f}$$

从上式中我们能够看出，当地基的承载力不变时，建筑的总荷载越大，基础底面积也要求越大。也可以说，当建筑的总荷载不变时，地基的承载力越小，基础底面积就会越大。在建筑设计过程中，要依据总荷载与建筑地点的地基承载力来确定基础底面积。

(二)基础构造类型

1. 根据材料和受力特点分

(1)刚性基础

一般情况下，我们把抗压强度高，抗拉、抗剪强度低的材料称为刚性材料，如砖、石等。用这些材料来制作基础，可以最大限度地保证基础不被拉力、剪力所破坏。

(2)柔性基础

用钢筋混凝土建造的基础，其基础宽度的增大不受刚性角限制，称为柔性基础。为了节约材料，钢筋混凝土基础常做成锥形，但最薄处不应小于 200mm；若做成阶梯形，每步高 300～500mm。

2. 根据构造形式分

(1)独立基础

当建筑物上部所采用的是框架结构或单层排架结构，而且柱距相对比较大时，基础往往就会采用方形或者矩形的单独基础设计。

(2)条形基础

当建筑物的结构为墙承重时，基础就会沿着墙身而设置成一个长条形，或者当建筑物为骨架结构并以柱去承重时，如果柱子的间距较密或者地基十分弱时，也可以将柱下的基础连接到一起，形成一个长条形结构，我们把这种基础叫作条形基础。

(3)井格基础

当地基的条件相对较差或上部的荷载较大时，为了提高建筑物的整体刚度，避免出现不均匀沉降状况，常常会将独立基础沿着纵向与横向连接起来，形成一种十字交叉的井格基础。

(4)满堂基础

满堂基础可以分为两种类型：筏式基础和箱形基础。

筏式基础：当建筑的上部荷载过大，而地基承载力比较低时，柱下的交叉条形基础或墙下的条形基础底面积所占建筑物的平面面积比例较大时，设计者可以考虑选用筏式基础。

箱形基础：当建筑物的荷载过大，或者浅层地质的情况相对较差，而基础却需要深埋时，为了能够增加建筑物的整体刚度，不致因为地基局部的变形而影响建筑的上部结构，往往会把基础整浇成刚度较大的箱状，这叫作箱形基础。

(5)柱基础

如果建筑物的荷载相对较大，而地基的软弱土层较厚，有时甚至能够达到 5m 以上时，就会采用柱基础类型进行设计，如图 3-1 所示。

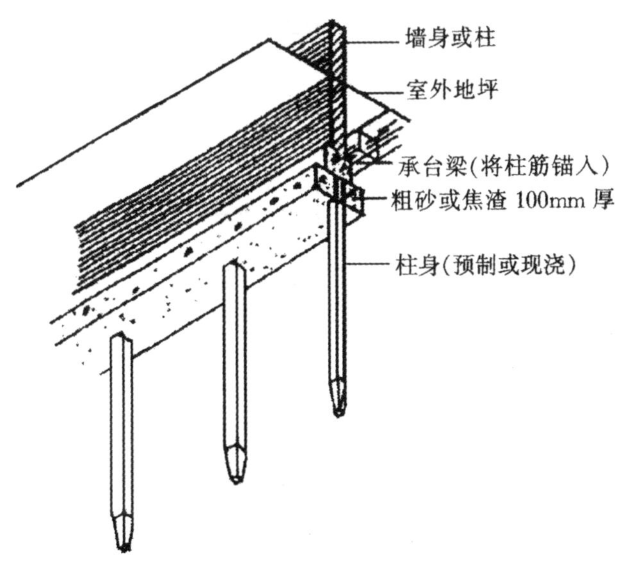

图 3-1　柱基础

二、墙体

墙体是组成建筑物空间的竖向构件，在通常情况下，它上承屋顶、中搁楼板、下接基础，是建筑物比较重要的组成部分。同时，墙体对整个建筑的使用、造型以及造价等方面都会产生较大影响。

(一)墙体的类型

墙体的主要类型有多种，主要是根据其不同的特点进行划分。根据其在建筑物中的位置可以将墙分为外墙与内墙。外墙主要是指建筑物四周和室外接触的墙，内墙主要是指建筑物内部的墙。如图 3-2 所示，是墙体的不同名称。

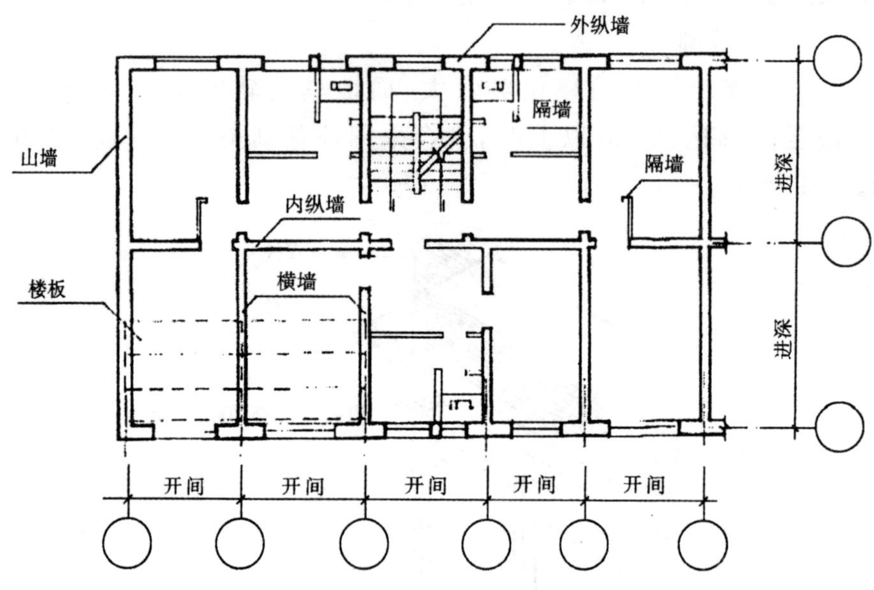

图 3-2 不同墙体名称

根据墙的方向进行划分，可以把墙体分为纵墙和横墙两种类型。按照建筑物的长轴方向来布置的墙为纵墙；沿着短轴方向进行布置墙的则为横墙。其中，外纵墙也叫檐墙，外横墙也叫山墙。

按照墙的受力情况，可以分成承重墙与非承重墙。承重墙承受的是上部的楼板、屋顶等传来的荷载,非承重墙则不承受这些外加荷载。非承重墙主要包括了自承重墙、框架墙与隔墙等。只承受自身的重量而不承受外加的荷载,而且下部设基础的墙就是自承重墙,自重主要是由楼板或梁承受;在框架结构中,填充于柱子之间的墙是框架墙;只起分隔室内空间作用的内墙是隔墙。

(二)砖墙构造

1. 砖墙尺度

(1)墙厚

标准砖的规格是 240mm×15mm×53mm,用砖块的长、宽、高作为砖墙厚度的基数,在错缝或墙厚超过砖块时,均按 10mm 的灰缝进行组砌,如图 3-3 所示。常见的砖墙厚度如表 3-1 所示。

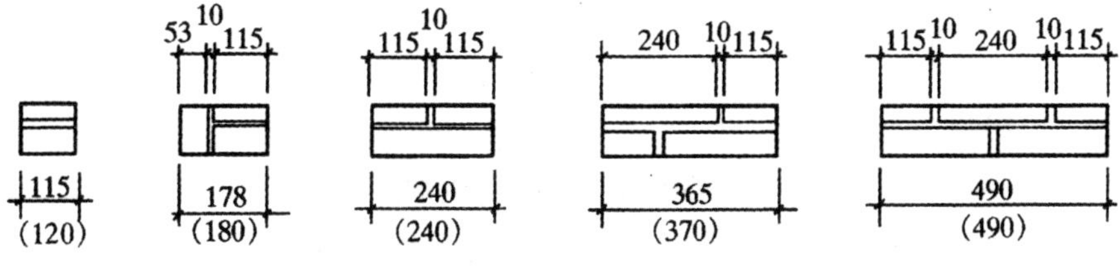

图 3-3 砖与墙厚的关系

表 3-1 标准砖墙厚度

墙厚	名称	尺寸(mm)	墙厚	名称	尺寸(mm)
1/4 砖墙	6 厚墙	53	1 砖墙	24 墙	240
1/2 砖墙	12 墙	115	1.5 砖墙	37 墙	365
3/4 砖墙	18 墙	178	2 砖墙	49 墙	490

(2)墙段尺寸

墙段尺寸是指窗间墙、转角墙等各个部位的长度。因为砖模与模数的协调标准不一致,在实际的工程中会给设计与施工带来较大的麻烦,所以,为了方便施工,在设计中凡是墙段的尺寸不超过 1500mm 时，都应该尽可能地采用砖的模数，如 490mm、620mm、740mm、870mm，反之，可以不考虑砖模。

为了避免应力集中与小墙段上造成对墙体损坏，对转角处的墙段与承重窗间墙的宽度应该符合表 3-2 的规定。

表 3-2　房屋局部尺寸(m)

构造类别	设计烈度			备注
	6、7 度	8 度	9 度	
承重窗间墙最小宽度	1.00m	1.20m	1.50m	在墙角设钢筋混凝土构造柱时，不受此限
承重外墙尽端至门窗洞边最小距离	1.00m	2.00m	3.00m	
无锚固女儿墙最大高度	0.50m	0.50m		出入口上面的女儿墙应有锚固
内墙阳角至门窗洞边最小尺寸	1.00m	0.15m	2.00m	阳角设钢筋混凝土构造柱时，不受此限

2. 隔墙与隔断

(1)砌筑隔墙

隔墙可以分为砖隔墙与砌块隔墙两种。

砖隔墙：有 1/4 砖墙、1/2 砖墙，如图 3-4 所示。

1/4 砖墙采用的是普通的黏土砖侧砌而成，砌筑砂浆强度等级应大于 M5。

1/2 砖墙则采用的是普通黏土砖砌筑的，以全顺式建筑而成，砌筑的砂浆强度一般都会高于 M5，因此可以砌筑的墙体面积相应较大。

砌块隔墙：通常采用轻质的砌块，如加气混凝土块、空心砖等。它的厚度通常是 90～120mm，其加固措施和砖隔墙类似。

(2)轻骨架隔墙

这种墙体往往是由骨架和面板两部分共同组成。骨架有木骨架和金属骨架的区别，分为面板纤维板、胶合板等多种类型。

(3)板材隔墙

板材隔墙采用的是各种轻质板材、板块，高度相当于房间的净高，不依赖于骨架，可以直接装配。目前，住宅建筑多采用条板，如碳化石灰板、多孔石膏板、水泥刨花板、复合板等。

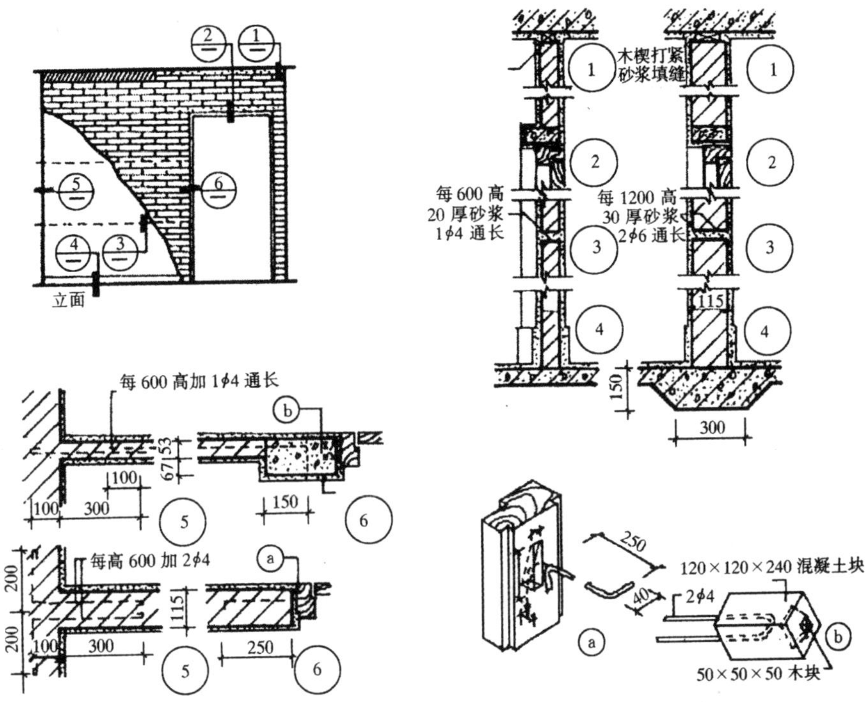

图 3-4 不同的砖隔墙构造

条板的厚度多是 60～100mm、宽度是 600～1000mm。安装条板时，在楼板上采用木楔在板顶把条板楔紧，条板之间的缝隙使用水玻璃黏结剂，或者采用 107 聚合水泥砂浆黏结，并且采用胶泥刮缝，平整之后再进行装修，如图 3-5 所示。

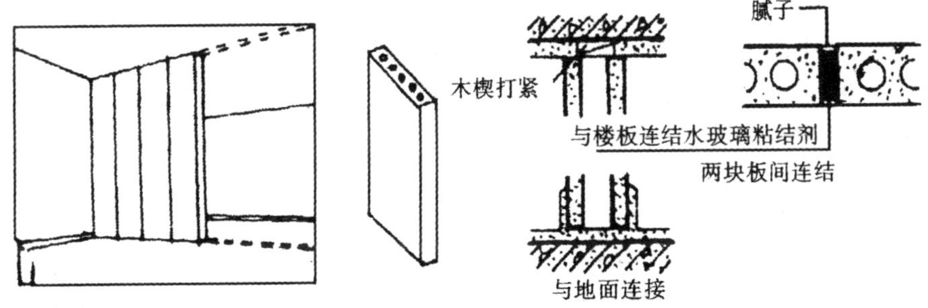

图 3-5 碳化石灰板构造

三、楼板层与地面

(一)楼板层

楼板层是多层住宅房屋的重要构成部分,对于房屋而言,它除了能够起到水平分隔作用外,还起着承重的作用。它承受楼面的荷载(包括自重),并通过墙体或柱将荷载传递到基础上。同时,它和墙或柱等垂直承重的构件之间是一种相互依赖,互为支撑的关系,共同构成了房屋的多层空间结构。

1. 楼板层的构成

楼板层主要由三个部分构成,即面层、结构层和顶棚。

(1)面层

面层也称为楼面或地面,在楼板层的最上层,主要有保护结构层、分布荷载等方面的作用。

(2)结构层

结构层为楼板层的承重构件,主要包括板、梁两个重要部分。主要的作用是承受楼板层上的所有荷载,并把这些荷载传给墙或柱。

(3)顶棚

顶棚是楼板层的最下层,起到保护结构层、装饰室内、安装灯具、敷设管线等多种额外的作用。

(4)附加层

对于有特殊要求的房间,通常在面层与结构层或结构层与顶棚之间设置附加层,如主要管线敷设层、隔声层、防水层、保温隔热层等。

2. 楼板的类型

根据楼板所用的不同材料,可以将楼板分为木楼板、砖拱楼板等类型。

木楼板的优点是构造简单，自重较轻，保温性能好，缺点则是耐火性和耐久性都相对较差，因此，目前除了在产木区或特殊的要求时才选用之外，很少会使用木楼板。

砖拱楼板可以节约钢材、水泥、木材，但是自重比较大，承载能力相对较差，对抗震而言十分不利，而且施工程序复杂，现在已不再使用。

钢筋混凝土楼板的强度较高，刚度较好，耐久性和防火性都很好，而且便于现代工业化施工，是目前住房建筑中使用最广泛的一种结构类型。

钢衬板组合楼板是利用钢板作为楼板的受弯构件与底模，上面现浇混凝土而成。这种楼板的强度与刚度也比较高，而且还利于加快施工的进度，是目前在大力推广的一种新型楼板。

(二)地面

1. 地面的构造

(1)地坪层的组成

地坪主要由三个重要部分构成：面层、垫层、基层。对那些具有特殊要求的地坪来说，常在面层和垫层之间增设一层附加层，如保温层、防水层等。

①面层

面层的构造做法和楼板面层一样，也叫做地面，是地坪层的最上部分，直接承受着上面的所有荷载，同时，还有装饰室内的多种功能。依据使用与装修要求的不同，存在各种不同的做法。

②垫层

这是地坪的结构层，主要的作用是承受与传递上部的荷载，通常都是采用C10混凝土制成，厚度通常在60～100mm之间。

③基层

基层是结构层和土壤间的找平层(填充层)，主要的作用是加强地基、传递荷载。基层通常能够就地取材，如采用灰土、碎砖、道碴或三合土等，厚度为100～150mm。

④附加层

附加层是为了满足某些特殊的使用需求而设的构造层次，如为了防潮而设的防潮层、防水层，为了保暖而设的保温层，为了减少噪音而设的隔声层等。

(2)地面的类型

楼层面层和地层面层在构造和设计要求上基本相同，统称为地面。楼地面的名称多以面层材料来命名，类型繁多。按面层材料和施工方法不同，一般有以下几种做法：现浇类、铺贴类和木地面三大类。

①现浇类地面

根据所用材料的不同可以分为水泥砂浆地面、混凝土地面以及水磨石地面等。

水泥砂浆地面：它是一种采用比较广泛的低档地面，主要做法分为两种，即单层与双层。依据材料的不同可以分为普通的水泥地面、防滑水泥地面、磨光水泥地面、彩色水泥地面等。

细石混凝土地面：这种地面的刚性比较好，强度较高，而且不易起尘土。为了增强地面的防潮性和耐水性，也可以做成沥青砂浆或者沥青混凝地面等类型。

水磨石地面：通常比较坚硬、光洁、不透水、装饰效果良好，往往会用在有较高要求的房间内，如中厅、营业厅、医疗用房等。

水磨石的地面通常是双层构造。首先要在刚性的垫层或结构层上面用10～20mm厚的1∶3水泥砂浆打底找平；然后再在找平层上根据地面设计图案，用1∶1的水泥砂浆嵌10mm高分格条，最后再把拌和好的1∶(1.5～2.5)的水泥石屑浆铺入压实，经过浇水养护、磨石机的打磨，并在清洗之后打蜡保护。

②铺贴类地面

铺贴类地面可以分为两种，主要是镶铺地面与粘贴地面。

镶铺类地面：这种地面的花色品种较多，经久耐用，易于保持清洁，属于中高档的地面类型。当面层块较小时，如缸砖、陶瓷锦砖、地面砖等，通常铺在整体性与刚性都较好的垫层或结构层上。具体构造做法：先做找平层，再做结合层，并在其上铺上平面砖、拍实，最后再用水泥擦缝。陶瓷锦砖面层拼接粘贴在牛皮纸上，并要整张铺贴。

如果面层块的材料比较大时，如预制水磨石、大理石板等。在铺贴地面时则需要预先试铺，试铺大多是根据房间的尺寸来定制的。

③木地面

木地面属于一种高级地面，其主要采用木板铺钉或硬质木板胶合而成的。这种地面的主要优点是弹性较好、不起尘、高雅、蓄热性能好。

根据木地面所用的木板规格进行划分，主要可以分为三种类型：普通木地面、硬木条地面及拼花木地面。而按照其构造形式可以划分成三种类型：空铺、实铺和粘贴。

空铺木地面往往用于底层的地面，其具体的做法是先砌筑地垄墙或者设置架空骨架，然后再铺设木地板，以防止木地板由于受潮产生腐烂。

实铺木地面主要是在刚性垫层或结构层上铺钉小搁栅，然后再在搁栅上对木板加以固定，这种底板的好处是可以在搁栅间的空档处安装各类管线。

四、楼梯

楼梯是两层以上的建筑（包括单体住宅楼房）的垂直交通设施，依据房屋的使用需求，还可以增设电梯、自动扶梯等，起到疏散人流与装点环境的辅助作用。所以，楼梯的设计应该满足防火安全、造型美观、使用方便等特点。

（一）楼梯组成

楼梯的组成主要包括三个关键部分：梯段、平台、栏杆扶手。

(二)楼梯的形式

根据楼层间的梯段数量与形式来分,楼梯的形式有很多种。日常生活中比较常见的有下列几种类型。

单跑楼梯:通常是用于层高较小的建筑,中间不设休息的平台,只有一个楼梯段,所占的楼间宽度也很小,但是长度较大。

双跑平行式楼梯:通常这种楼梯在建筑物中是采用最广泛的一种类型。因为双跑楼梯第二跑梯段折回,所以占用房间的长度比较小,楼梯间和普通的房间平面尺寸大体相近,对与平面设计时楼梯的布置十分有利。双分式、双合式楼梯相当于两个双跑楼梯并列在一起,常用于建筑的主楼梯。

三、四跑楼梯:最常用在楼梯间平面接近于方形的建筑中。由于梯井比较大,所以不宜用在住宅、小学校等儿童经常出入的建筑中,否则的话一定要做好安全可靠的措施。

螺旋楼梯:楼梯踏步围绕一根中央立柱进行布置,每一个踏步的面都是扇形,行走也不太方便。但是造型比较独特、美观,此外还有圆形、弧形等多种曲线形的楼梯形式,但是往往采用的较少,有时在一些公共建筑中为了丰富建筑的空间,会采用这种形式的楼梯。

剪刀式楼梯:四个梯段用一个中间平台连起来,占用的面积比较大,行走时比较方便,多用在人流很大的公共建筑中。

五、屋顶

屋顶是一座建筑物的最上层覆盖构件,也是住宅建筑的构造组成部分之一,其主要作用包括:(1)防御自然界的风、雨等自然的影响;(2)承受作用于屋顶上的所有载荷,如风、雪荷载及自重等。

所以,屋顶设计务必要满足防水排水、抵御侵蚀等多方面的要求。同时,屋顶还应该做到便于就地取材、构造简单、方便施工、自身重量轻、造价经济等特点。

(一)屋顶的组成

屋顶主要包括面层、承重结构、保温隔热层、顶棚等部分(图 3-6)。

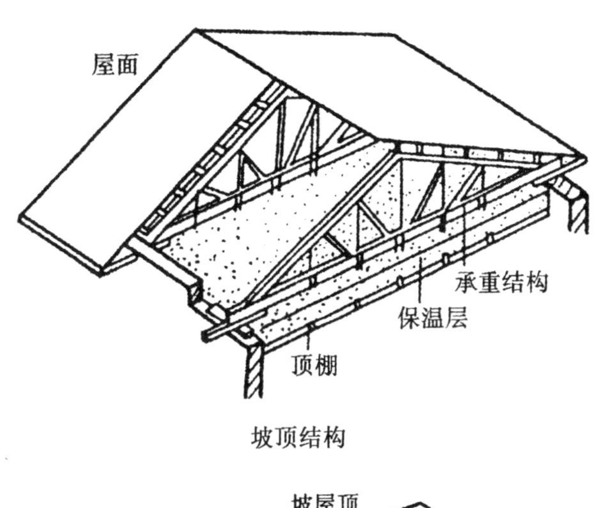

坡顶结构

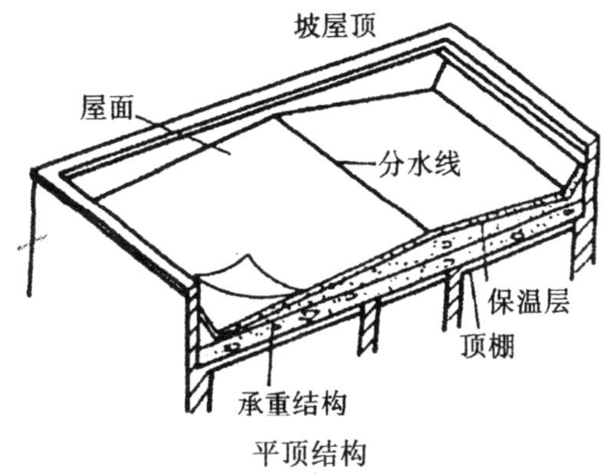

平顶结构

图 3-6　屋顶的组成

屋顶承重结构:承受屋面传过来的各种各样的荷载以及屋顶的自重。

屋顶的顶棚:这是屋顶的底面,其类型和构造与楼的地层部分相同。

(二)屋顶的形式

屋顶的形式和建筑的使用功能、屋面盖料、结构类型及建筑的造型要求等都有密切的关系。因为这些因素各不相同，这就形成了平屋顶、坡屋顶、折板屋顶等多种类型（图 3-7）。其中，平屋顶与坡屋顶都是人们现在比较常用的形式。

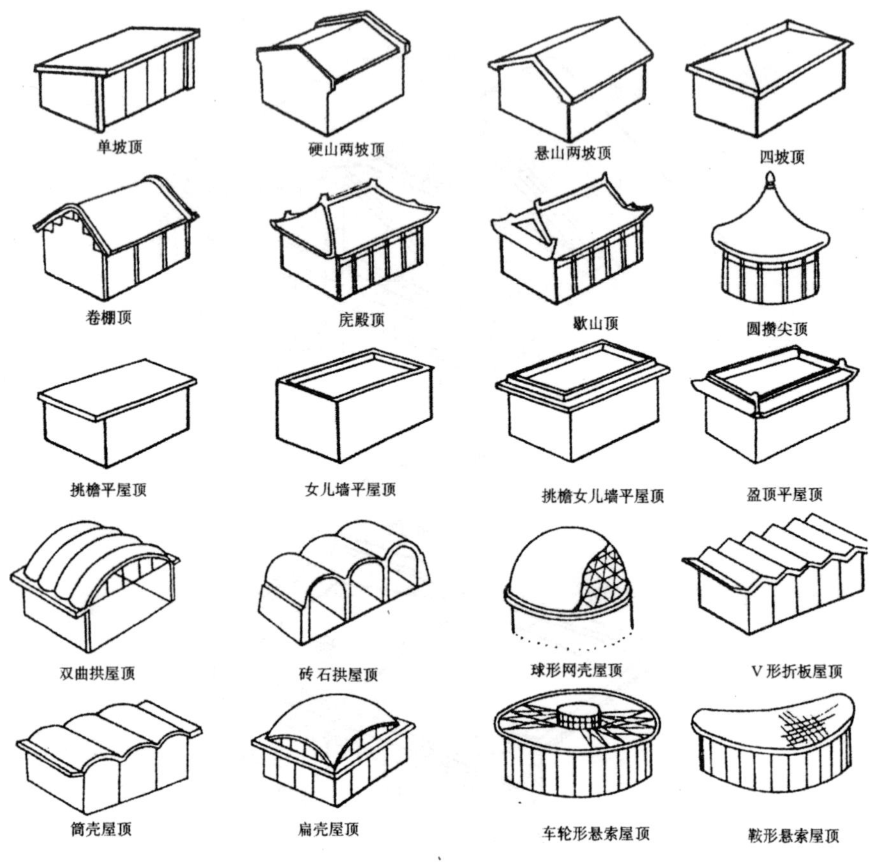

图 3-7 多种多样的屋顶类型

平屋顶比较平缓，坡度通常小于 5%。平屋顶的主要优点是节约建筑材料，构造比较简单，屋顶的上面便于利用，可以做成露台、屋顶花园、屋顶游泳池等。

坡屋顶通常是由斜屋面组成的，屋面的坡度通常大于 10%，传统的建筑中小青瓦屋顶及平瓦屋顶都属于坡屋顶。坡屋顶在中国有着十分悠久的历史。因为坡屋顶的造型丰富多样，不但能够极大地满足人们的审美需求，还能就地取材，所以至今依旧被人们广泛地使用。坡屋顶根据其坡面的数目能够分为单坡顶、双坡顶以及四坡顶。当建筑的宽度不大时，可以选用单坡顶，当建筑的宽度比较大时，就适宜采用双坡顶或四坡顶。双坡屋顶可以分为硬山与悬山。硬山主要是指房屋的两端山墙高出屋面，山墙需要封住屋面。悬山主要是指屋顶的两端挑出山墙之外。如在中国的古建筑中，庑殿顶与歇山顶均属于四坡顶类型。

曲面屋顶主要由各种薄壳结构、悬索结构及网架结构等作为承重结构，如扁壳屋顶、鞍形悬索屋顶等。这类结构的受力相对合理，可以充分发挥出建筑材料的力学特性，所以可以节约建筑材料。但是，其屋顶的施工比较复杂，造价较高，所以常常是用在大跨度的大型公共建筑之中。

六、门和窗

在一座房屋建筑中，门窗是其重要的围护构件之一。门的作用主要是供人交通出入、分隔建筑空间，有时还会起到通风、采光的作用；而窗的主要作用则是采光、通风、观察等。同时，二者在不同的情况下还能够起到保温、隔热、防火、防盗、防尘等多种功能，也具有十分重要的建筑造型及装饰作用。

第二节　住宅建筑的套型设计

一、住宅栋深加大产生的问题

从利于节能、节地、充分利用资源及充分利用投资方面进行考虑，寒地的住宅栋深有必要适当加大。栋深加大自然能够带来套型中部空间的利用及通风采光等环境方面的问题，也给平面空间的组织带来一定的难度。我国现行的《住宅建筑设计规范》(GB 50096)规定:住宅的起居室(厅)、卧室、厨房应有直接采光和自然通风,无直接采光的过厅的使用面积不应大于 10m^2。

二、设置敞开式起居室

我国传统的寒冷区住宅套内的空间组织模式向来都是趋向于单一,"封闭感"需求比较强,而且居寝两室不分。随着现代家庭生活内容变得日益丰富,人们对房屋的使用功能需求也在逐渐增加,起居厅不仅应该与其他的生活空间分隔开,还应向开放、宽敞的方向逐步发展。如图 3-8 所示,采用的是大开间,套内的起居厅、餐厅、前室是开放的空间,依据使用的具体要求可分可合。随着结构形式的不断发展,也可以采用异形柱框架、短肢剪力墙等新型的结构去获得更大的空间。

三、住宅空间配置与环境要求

严寒地区的冬季极其寒冷,通常都处于冰天雪地的情境之中,冬季可以长达半年之久,因此该气候区的住宅套内空间配置和空间环境的要求需要考虑下列几种需求。

每户都应该设置一间朝向最好,面积较大的空间作为起居室,以此来满足户外活动减少,室内活动增多的需要。

该地区冬季的内外温差较大,人们进出房屋时需要换衣帽,因此,需要在每户中都设置一个面积大于 1.5m^2 的前室作为过度。

严寒的冬季会给人们在室外的活动带来不便,因此这个地区的居民多是一次性购买大量的生活必需品,所以,季节性购物量很大。因此,应在住宅中设置一个存储空间(图 3-9)。

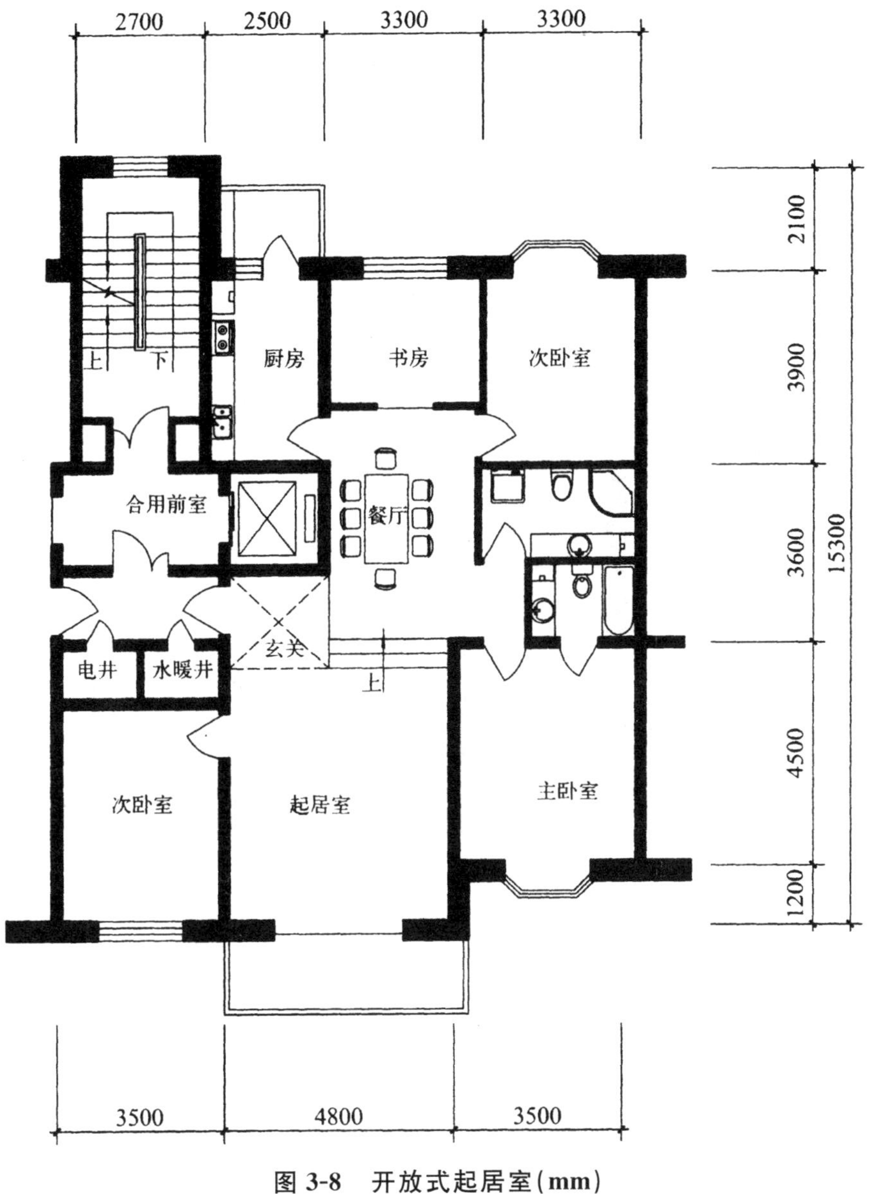

图 3-8 开放式起居室(mm)

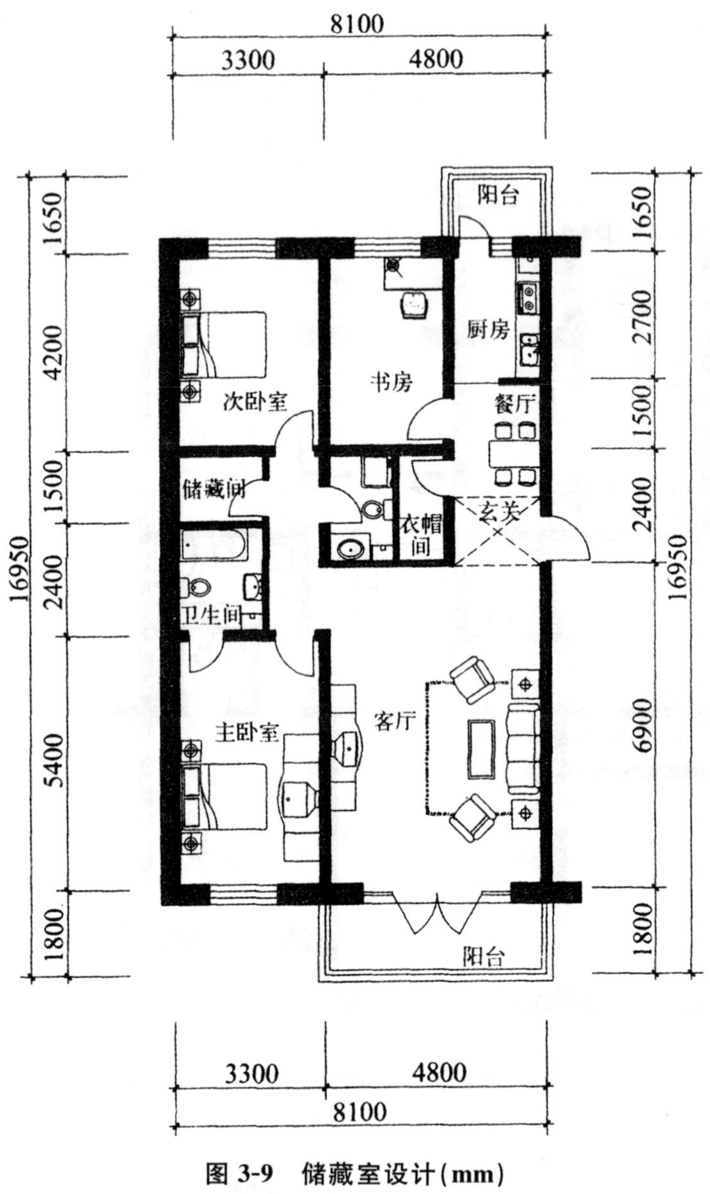

图 3-9　储藏室设计(mm)

寒地的住宅套内需要考虑设置烘干机或者晒衣物设施所必需的位置。

在寒冷地区大多封闭门窗的时间较长，所以室内的空气质量极其低下，在套内就应设置通风换气的设备。比如厨房设置排油烟机，卫生间安装排风机，并设置防回流构造的竖向通风道等。

四、室内节能设计

对于严寒地区的城市住宅而言，还可以增设一个“温度阻尼区”，即在室内和室外设置一个中间层次，减少外墙、外窗的热量损失，如图 3-10 所示。

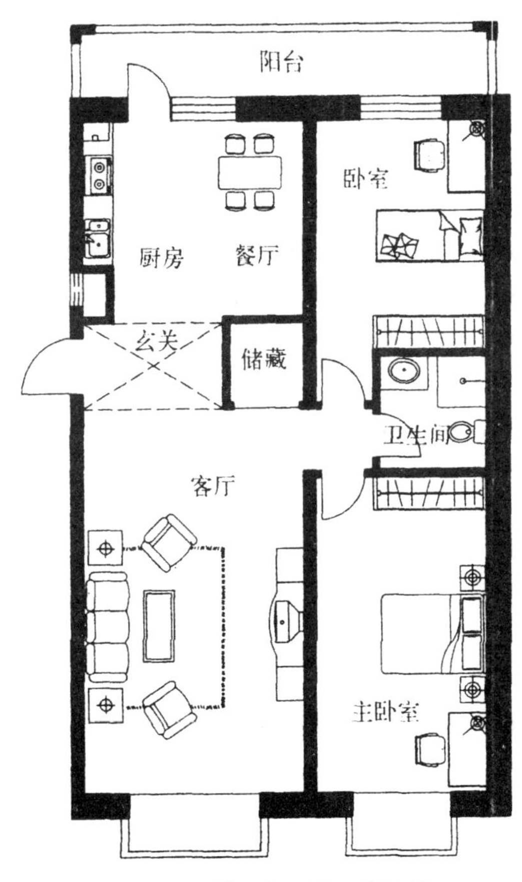

图 3-10 “温度阻尼区”设计

由于不同的地区，不同方位的外墙，冬季受到日辐射、冷风的侵袭都存在较大的差别，如南向墙面与北向的墙面，南向窗与北向窗之间的差别更为悬殊，通常都是把南向与北向进行区别对待，如把北向的窗户做成3层的玻璃来加强保暖措施，以利于节能保温。

因为严寒与寒冷地区的住宅受地域气候的影响极大，能耗高、污染重。所以，因地制宜地对寒地住宅设计存在的特殊性问题进行分析，是住宅设计中十分必要的要求，如争取日照、综合节能技术等。

第三节　不同高度住宅建筑的设计

不同高度住宅的设计在经济形态上主要呈现为：在自然经济的农业社会时期，低层住宅作为主要的居住形式被广泛采用；随着社会的不断进步，城市的密度极大地增加，多层、高层的住宅在城市住宅中也占了较大比例，而多层住宅大多存在于人口密度相对较低的城市郊区或小城镇中。

一、低层住宅设计

(一)低层住宅的基本特征

1. 低层住宅的显著特征

与多层、高层住宅形式相比，低层住宅具有下列显著的性质与特征。

(1)在居住行为与心理层面,低层住宅拥有较好的接地性以及和自然的亲和性。住宅常常拥有一个独立的院落,上下联系十分方便,比较容易形成宜人的空间氛围,有利于保证居住者的私密性与交往性,同时也为老人、儿童、残疾人的户外活动与交往提供了极大的便利。住宅中各类房间的采光、日照、通风条件都比较好。

(2)在平面空间的组合方面,布局十分灵活,能够因地制宜,巧妙地组织室内外的空间,使之能够相互延伸、渗透,空间的构成也比较丰富。

(3)低层住宅也存在一定的缺点,如层数较少、建筑的密度较低、土地资源消耗较多、可容纳人口少等,这就导致为居住区服务的道路管网及其他公共设施的使用率较低。

2. 低层住宅节约用地设计

(1)住宅的面宽

节约用地是住宅设计中一个十分重要的原则。对于低层住宅而言,减小每一户的面宽对于节约用地具有很大的作用。面宽通常是指在南北方向布置的住宅设计中,每户在东西向上的宽度,这个方向的墙面往往涉及朝向、道路、间距等多个方面的因素。假如以简单的排列方式进行考虑的话,那么面宽较小的住宅在特殊情况下都会对节约用地更为有利。

单排布置,在某一宽度的用地方面可以安排更多的住宅。

多排布置,由于住宅的纵向间距(多是指日照间距)通常要比横向的间距大,为了达到安排更多的住宅这一目的,增加每排建筑(群)中的住宅数量,比增加用地中建筑(群)的“排”数更加有效(图 3-11)。

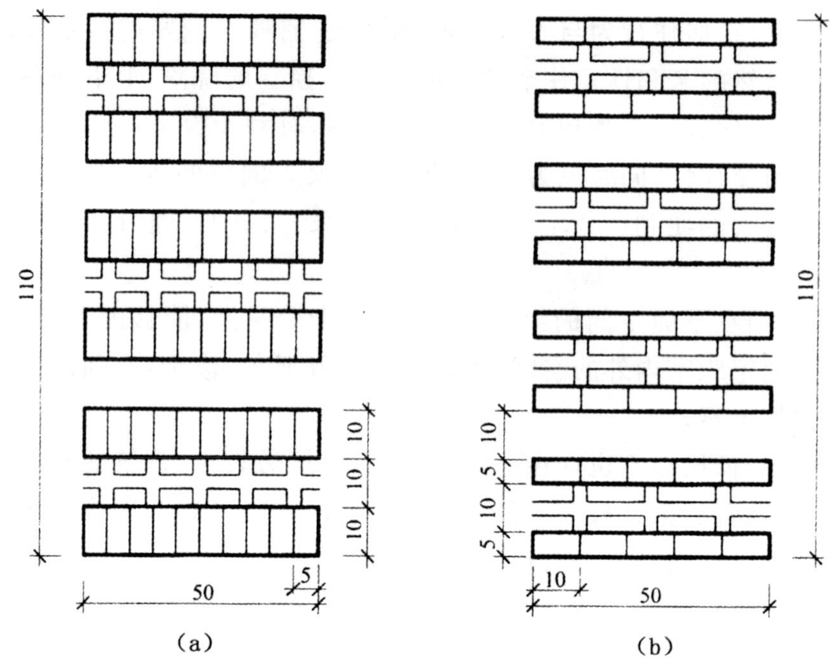

图 3-11　多排住宅布置

如上图所示,(a)中的每排 30 户,共 6 排,可安排 180 户,只需要 3 条道路;而(b)中的每排是 15 户,共 8 排,可安排 120 户,但是却需要 4 条道路。

(2)住宅的进深

对于一定面积的住宅平面而言,加大住宅的进深可以有效地减小住宅的面宽。当然,住宅的面宽与进深也并不能过分地减小或加大,一定要建立在保证功能合理的基础之上。合理地增加住宅的进深,可以采用下列方式。

首先,利用天井加大进深。这种方式主要是作为中部房间的采光口,让住宅平面在进深方向上增加更多的功能空间。在低层住宅设计中较多地采用封闭式天井,是因为住宅的层数较少,天井对底层的通风、采光都比较好(图 3-12)。如有数家住户合用天井,就应该注意解决视线的干扰问题。通常是利用天井来解决次要房间的通风与采光问题,有时也可将庭院式的天井和主要的功能空间相结合,但是不宜作为唯一的采光口。

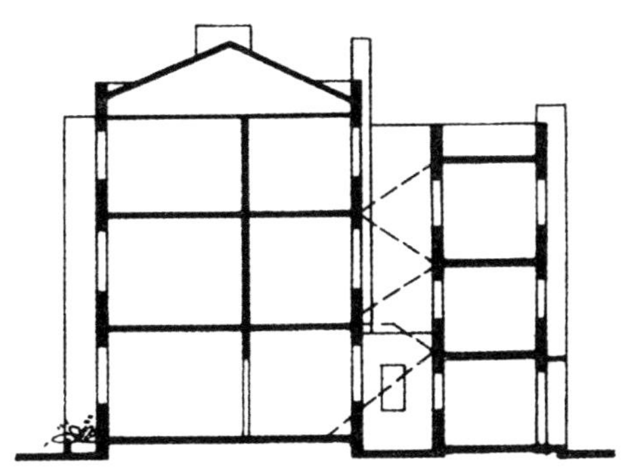

图 3-12　利用天井采光设计

其次，在进深方向上错位叠加，这种方法主要指将一些面宽不同的房间在进深方向上进行错位叠加，使其可以在某一个面宽的范围中解决更多的功能空间上通风采光的问题，以此达到加大进深的直接目的。但是需要注意的是，这种解决办法在功能分区等多个方面都可能带来一系列的问题(图 3-13)。

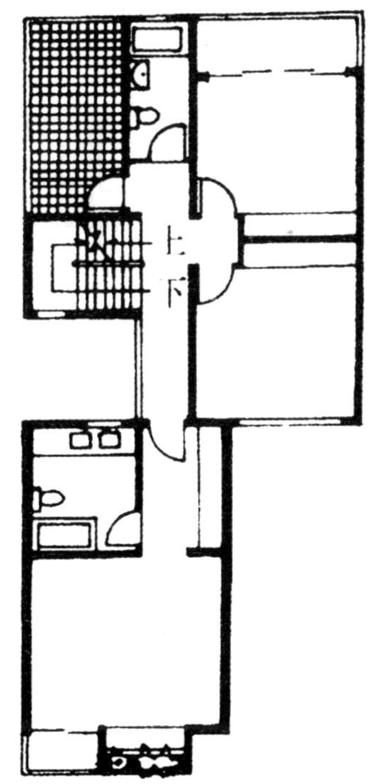

图 3-13　利用叠加增加进深

再次，利用剖面上的房间高低错落增加进深。因为低层住宅层数比较低，其“集合性”也比多、高层住宅的要小，所以在纵向的组合方面就更加灵活。通过剖面上的灵活处理，能让住宅的进深加大，平面上也会比较紧凑，有利于规划上的组合与节约用地。

最后，利用房屋的逐层退台和坡顶来增加进深。在住宅设计时，在房屋的底层安排较多的房间，会使底层的进深加大，而楼层则可以考虑做退台式的处理。这样一是能够适应楼层房间较少的要求，将露台作为户外的过渡性空间使用；二是退台和坡顶都能够有效缩短房屋的间距，利于节约用地（图 3-14）。

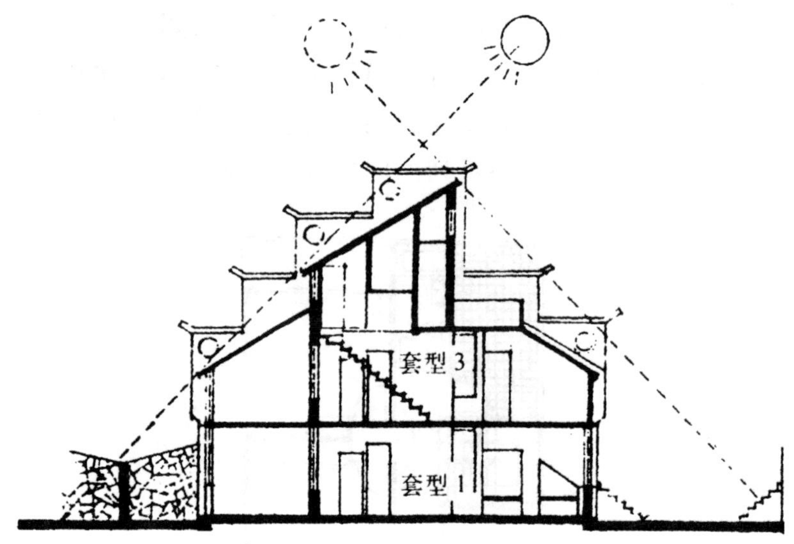

图 3-14　逐层退台增大纵深

（二）低层住宅组合的类型

1. 独院式住宅

这种住宅类型通常是指独户居住的单幢住宅，也叫作独立式别墅，建筑的层数通常都是 2～3 层，面积多达 200～500m²。独院式住宅的鲜明特点为一户占一幢房屋，房屋的四周临空，不和其他的建筑连结，有独立的院子，院和院之间彼此用围墙分开，也有的不用围墙，各户之间以植树或绿篱或道路分隔形成小院。独院式的住宅建筑空间组合有较大的灵活性，各户之间也存在一定的间隔，这样便于绿化，环境十分安静。

独院式住宅户内的功能关系标准比较高，房间的功能要求也比其他类型的住宅建筑要高得多。如图 3-15 所示就是一个独立式的别墅。

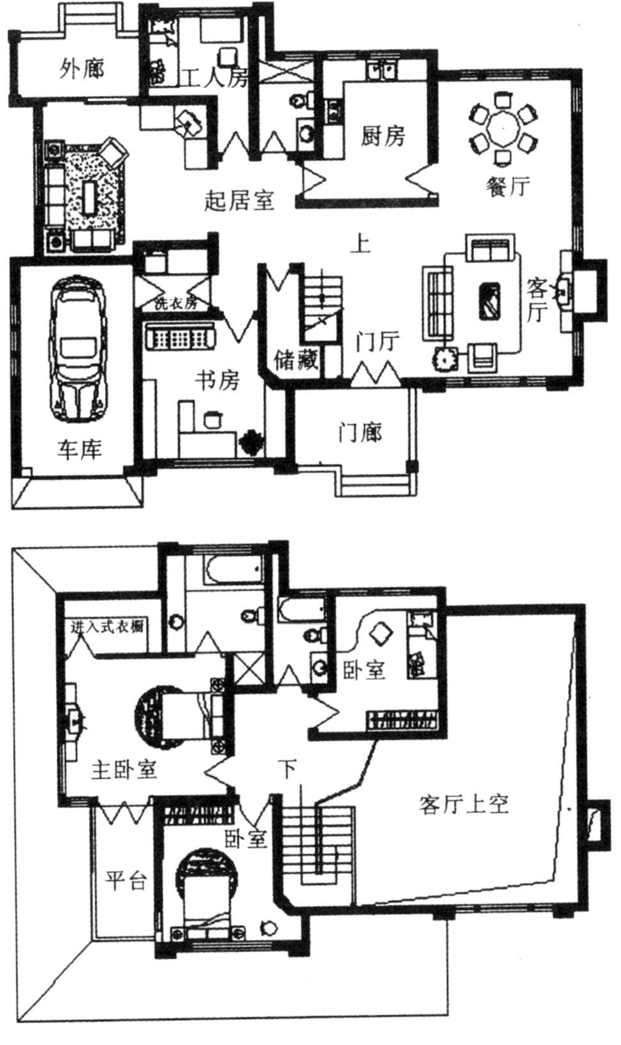

图 3-15　独立式别墅住宅

2. 并联式住宅

并联式住宅，也叫毗连式住宅。这种住宅类型是把两个独院式住宅并联在一起，共用一道山墙，但是有各自的出入口，这种形式的住宅就叫并联式住宅。并联式住宅三面临空，平面组合十分灵活，朝向较好，基本上具有独院式住宅的优点，但是它要比独院式住宅节省用地，并且能够节约一道外墙，热工性能较好。并联式住宅通常是以共用墙作为中心轴左右对称的。

如图 3-16 所示的是一套并联式的住宅：一层为公共区域，设置了小错层，使客厅与餐厅在空间上有了变化；二、三层私有功能区为卧室区域，超大的室外露台给住户提供了较好的休闲、观景、绿化场地，如图 3-16 所示。

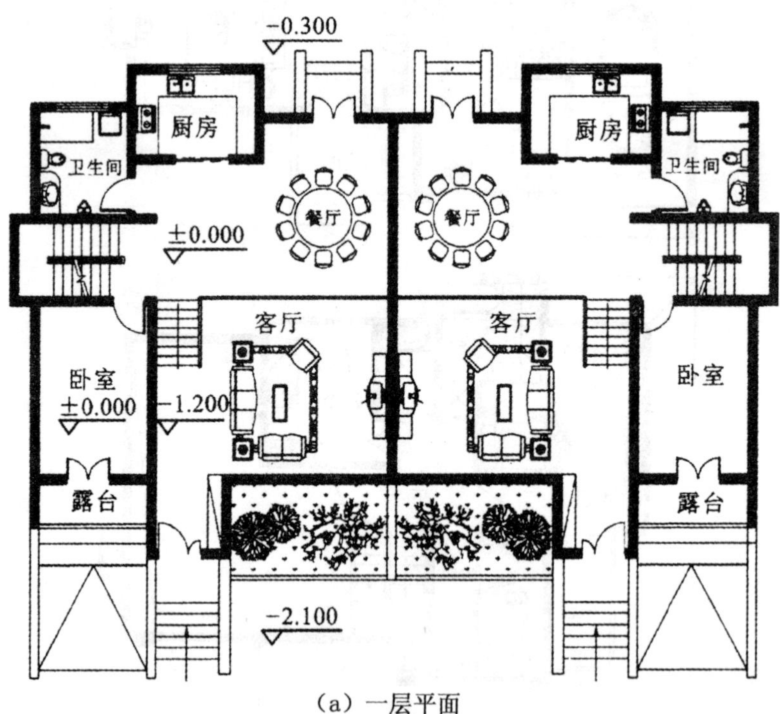

（a）一层平面

图 3-16 并联式住宅平面图

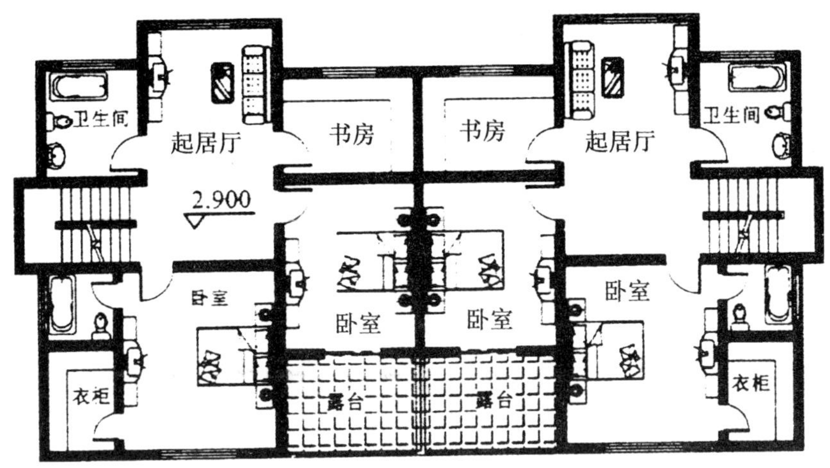

(b) 二层平面

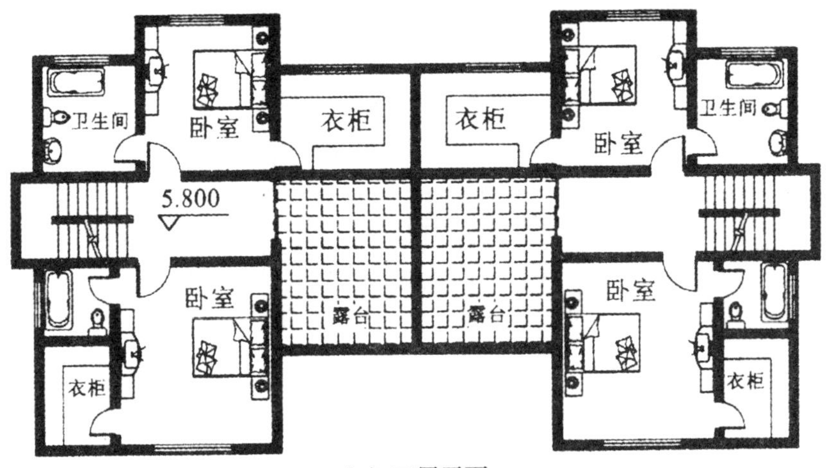

(c) 三层平面

图 3-16(续)　并联式住宅平面图

3. 联排式住宅

把独院式住宅成排或者成组地拼接到三户以上，且每户都有单独的出入口，就是联排式住宅。这种住宅的优点是可以保留独院，但在建筑用地、外墙长度等方面比上述两种类型都更为经济。联排式住宅中最为基本的组合形式就是一字形成排组合，在中国，最常见的也是这种组合类型(图 3-17)。

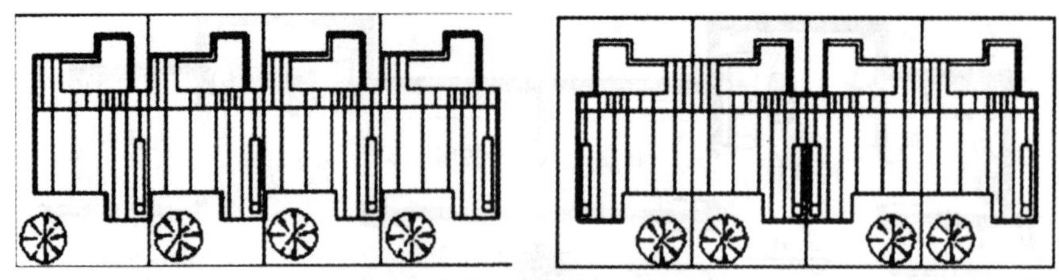

（a）一字形组合

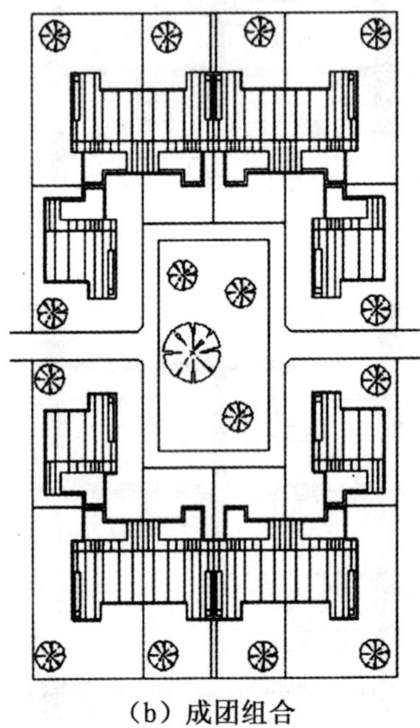

（b）成团组合

图 3-17　联排式住宅组合

二、多层住宅设计

多层住宅通常是指 4～6 层高的住宅，借助公共楼梯解决垂直交通问题，有时还需设置公共走道来解决水平的交通问题。在《住宅建筑规范》与《住宅设计规范》中规定：7 层及以上的住宅或住户入口层楼面距室外设计地面的高度超过 16m 以上的住宅一定要设置电梯。所以，多层住宅的层数通常都低于 7 层。同时，多层住宅形式也是我国使用时间最长、建设量最大、最具有代表性的一类建筑形式。

(一)多层住宅的组合方式

1. 单元式组合

在住宅设计中,比较常采用的设计方法就是单元设计法。为了简化设计工作,有利于住宅建设的大规模工业化生产并且满足标准化与多样化的需求,往往会把住宅设计成若干种能够相互组合的标准段——“单元”,然后通过不同的单元组合或同一单元的不同组合,形成各种面积指标不同的户型以及不同体型的住宅建筑。

多层住宅的平面组合方式往往是单元和单元之间的组合,分为单向组合与多向组合两种类型。

(1)单向组合

单向组合的单元只具有一个方向组合的可能。其组合方式分为平直组合、错接组合、转角组合等。平直组合体型比较简洁、施工十分方便,但是不宜组合过长,如图 3-18(a)所示。错接组合可以适应地形、朝向、道路或规划的需求,但是要注意外墙周长和用地的经济性,可以用平直单元错拼,或加错接的插入单元,如图 3-18(b)所示。转角组合可以根据规划的要求,用平直的单元进行拼接,也可以插入单元或采用转角单元,但是要注意朝向的问题,如图 3-18(c)所示。

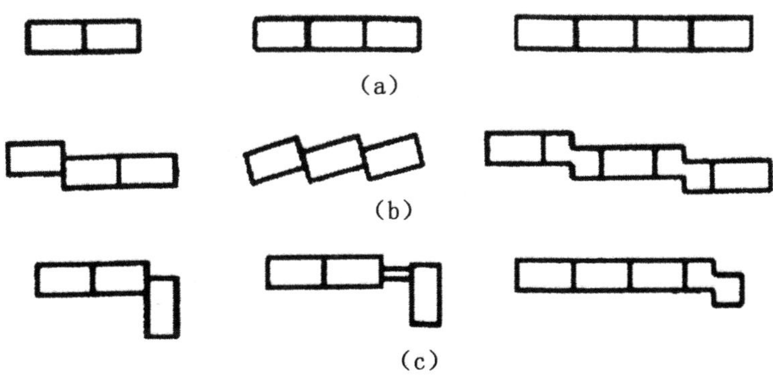

图 3-18　单向组合形式

(2)多向组合

多向组合的单元有多方向组合的可能,要求每一个方向可能拼接的部位尺寸要相互协调。适应多向组合的单元平面通常是多肢的。现实中比较常用的多向组合单元类型如图 3-19 所示。

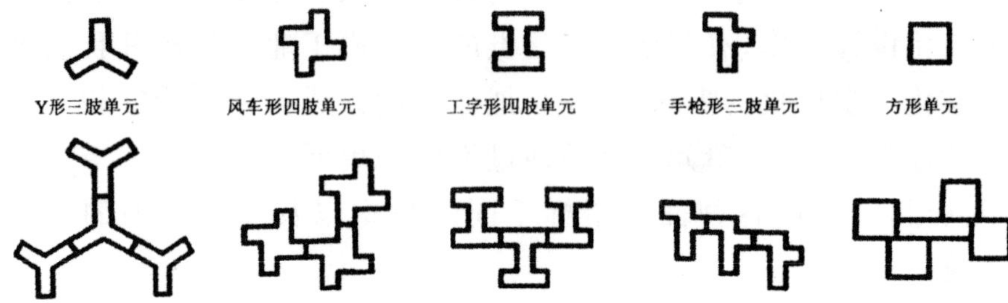

图 3-19　多向组合单元

一梯三户的 Y 形平面,可以让三户都能获得一种较好的朝向和通风,因为翼间的夹角加大,有利于扩大视野。Y 形平面中很容易产生不规则形状的房间,所以应尽量做到结构整齐,让不规则的结构得到简化。

一梯四户的风车形平面,通常设计为各肢尺寸相同,使每个肢都能够互相拼接,所以体型组合的灵活性就比较大。因为临空面的增多,套型中的采光和通风效果比较好。

工字形单元能够做出多向拼接,不但可以平接,还可以错接。往往会着眼在住宅内院的特点上加以组合。

2. 外廊式组合

外廊式组合依据廊的长短和所连的套数不同分成长外廊和短外廊两种。在外廊式的组合中,每个套型都有良好的朝向,采光通风的效果较好。外廊由于一侧临空,廊内的采光也较好,但是保温没有内廊式效果好。两端的套型能够利用外廊端部的空间,增加套内的面积,可以提供灵活多样的套型(图 3-20)。

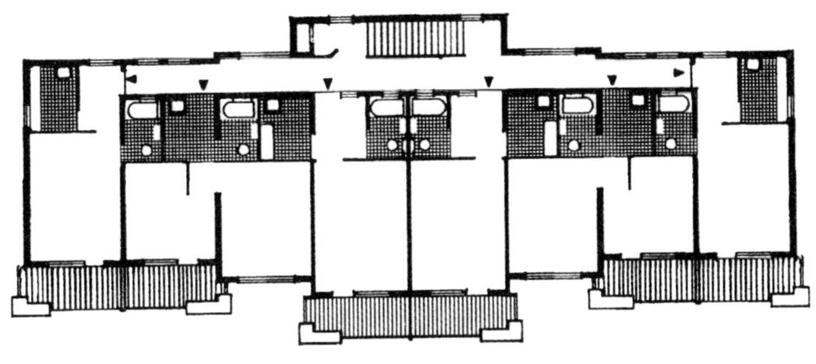

图 3-20 长外廊套型

外廊由于布置的方位不同而分为北廊与南廊。当外廊是北廊时,套内北向的辅助用房就缓解了外廊对主要居室的干扰。将套型采取错位拼连的方式,形成了户门前的半私密小空间,作为过渡、缓冲区,能够减轻外廊对套型的一些干扰。

3. 内廊式组合

内廊式的套型组合方式和单元式组合方式比较相似,只不过是入户门处的交通空间变为了走廊,根据走廊的长短不同,内廊式还可以分为长内廊和短内廊(图 3-21)。长内廊,顾名思义就是指走道比较长,连接户数比较多,容易造成一定干扰的走廊,所以优点没有短内廊明显。长内廊总有单面朝向的户型日照、通风不好,廊内的采光也没有单元式的好,这是这种组合方式所带来的最鲜明、不可避免的缺憾。在实际的生活中,长内廊的设计并不多见。短内廊一梯可以拼联三到四户,避免了长内廊自带的干扰大的缺点,但是也存在单朝向的户型通风不佳的问题,在现在的多层住宅中已经极少采用这种设计了。

4. 天井式组合

这种住宅的进深比较大,为了满足采光、通风的需要,在中间的位置设置天井,每户都围绕天井进行布置,外墙可以和天井共用或以走廊和天井隔开,好像是廊式组合在走廊方向转折的变异。可以把天井周边的过道设成外廊,以改善天井内的环境。

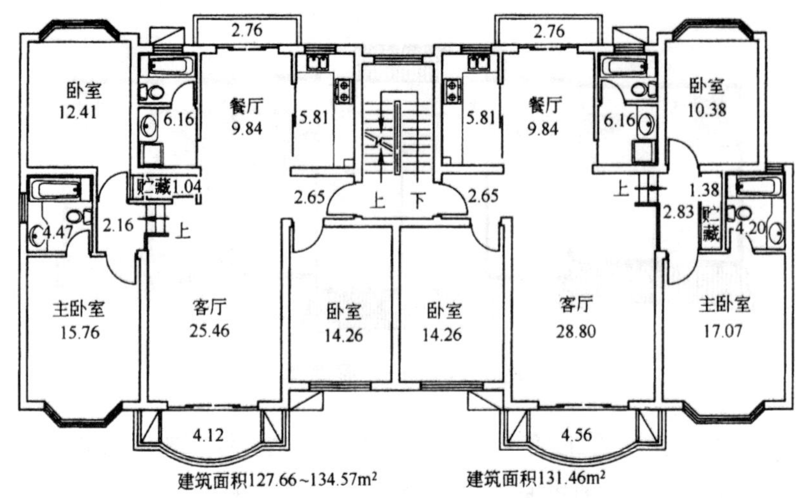

图 3-21　内廊式住宅平面图

天井的设置有效解决了因进深过大而带来的采光问题，但是也存在一些不足，如天井内的烟气、气味、声音等都会在天井的周围空间弥散，对居民造成干扰，而且卫生状况也是一个不容忽视的问题。此外，随着楼层地不断增高，天井内的较低层房间采光效果会变差(图 3-22)。

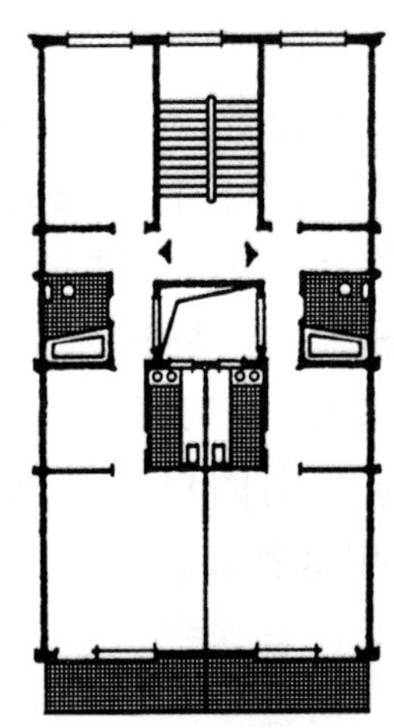

图 3-22　天井式住宅组合

5. 叠拼式住宅

叠拼式住宅又也叫“Cityhouse”，纵向为四层，一到二层是一户，三到四层是一户，实际上，这是多层复式住宅上下叠加而形成的低层高密度住宅。这是为了提高低层住宅的居住密度、节约用地而出现的一种新型住宅建筑形式。从我国住宅设计的规范角度看,虽然叠拼式住宅是四层,但是上户的入口在三层,所以依然属低层住宅建筑。

叠拼式住宅是相对独立的分户设计类型,每户都有一个私家花园,下户有地面花园,上户则有屋顶花园。虽然这种住宅形式的居住标准比不上联排住宅,但是立面造型却更加丰富,容积率也更高,同时在一定程度上克服了联排别墅进深窄的缺点。

目前,叠拼的入户模式主要有两种:一种为叠上、叠下都归入一个公共单元门;另一种为叠上住户通过公共的楼梯进门。如图 3-23 所示,这个叠拼住宅的一层和二层南侧都是一户,二层的北侧和三层是一户。叠上住户通过公共楼梯进门,叠下用户则从室外的花园进入。

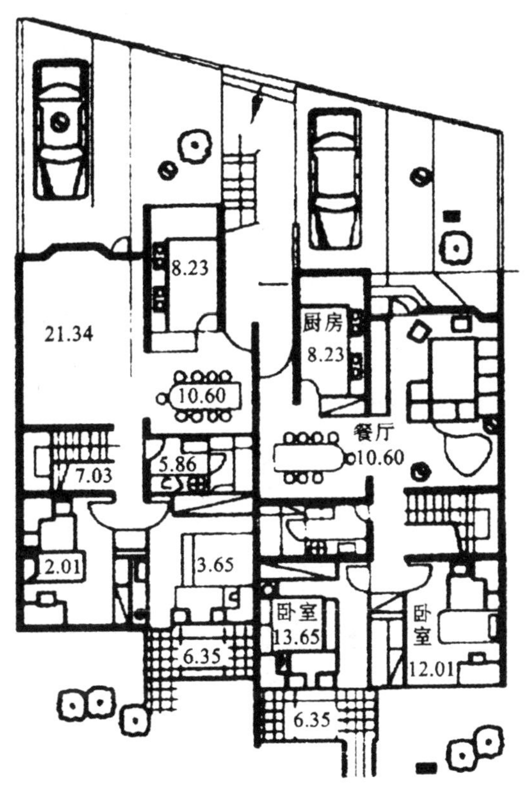

图 3-23 叠拼住宅平面与剖面图

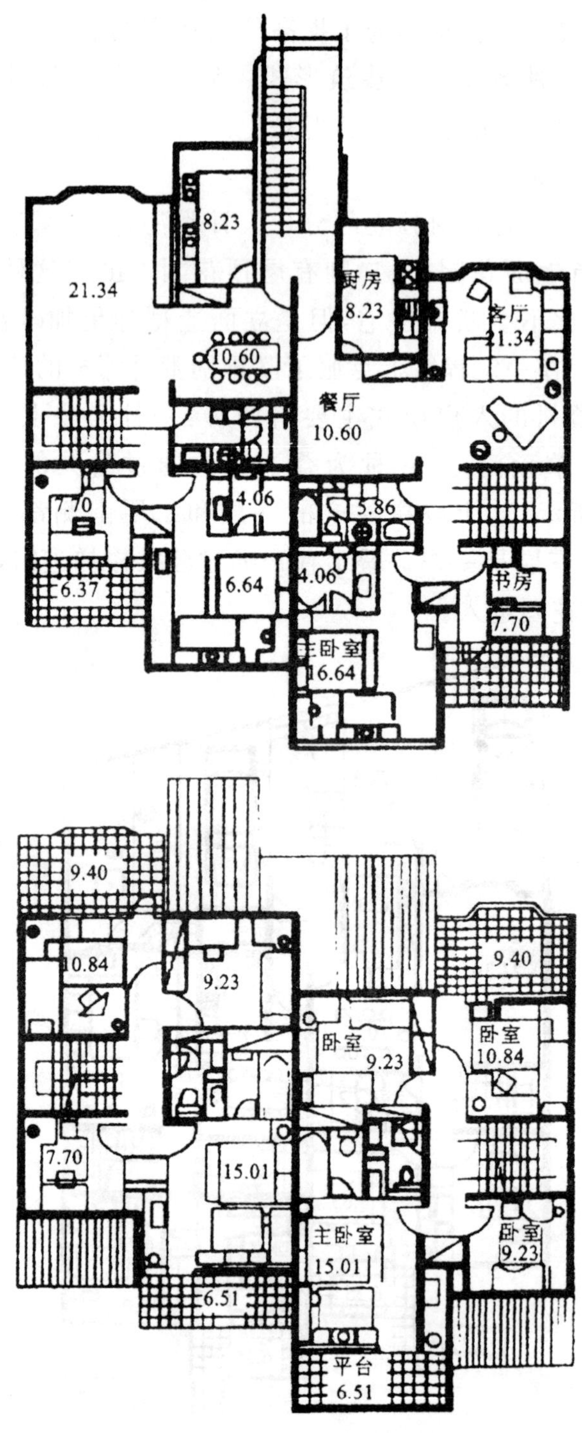

图 3-23(续) 叠拼住宅平面与剖面图

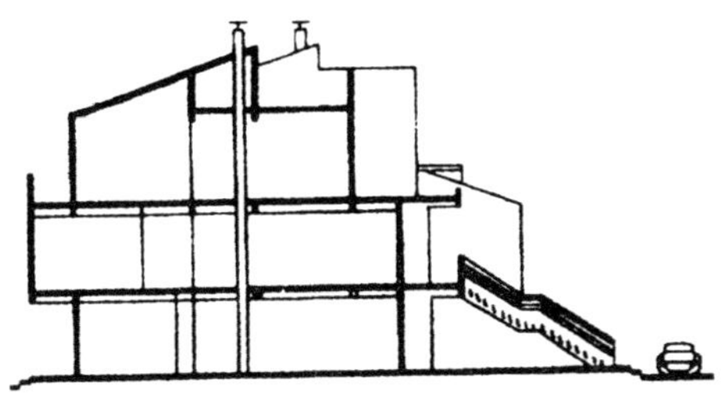

图 3-23(续)　叠拼住宅平面与剖面图

(二)多层住宅的类型与特征

多层住宅由于其结构、体量、功能等多方面的特点，又能够设计成多种新的类型，如底商住宅、SOHO 式住宅与两代居住宅等，在结构形态上还可以分成板式、台阶式、支撑体等多种类型。

1. 底商住宅

底商住宅的全称是底层带商店住宅，属于沿街底层商店和上层住宅相结合的一种建筑形式。按照总体的规划来看，它可以沿整条街进行布置，或在转角处形成组团式的集中商业区域，或在街道中零星设置。考虑到街道的走向和住宅的朝向，住宅和商店间以相互平行或相互垂直呈“山”字形组合的形式比较多见。这种底层沿街的小商业网点方便了周围的居民，丰富了环境，是当前比较常见的一种商业形式。但是由于商业的种类不同，有一些商业网店可能会给附近的居民带来一些干扰，如噪声、烟气、异味等，所以在设计时应该选择合适的商业种类，充分协调好住宅和商店之间的关系(图 3-24)。

2. SOHO 式住宅

SOHO 是 Small Office 或 Home Office 的缩写，意思是兼具在家办公和居住的小户型建筑形式。它是最近几年来科学技术发展特别是信息产业发展的产物，有一些工作种类越来越不受到地域的限制，彼此之间的联系也可以通过一些虚拟的空间来完成，这就让 SOHO 生活方式变成了可能，带来了非传统的如“混合使用空间"与"房屋品种边界模糊化"模式，从而打破以往三房两厅的观念等居住模式。作为一种居家办公的场所，首先就要具有设备上的保证，如宽带等。从建筑方面来考虑，要求具有独立、完整、安静的空间，良好的通风、温湿度条件等，以此来满足居家办公所要求的基础条件。这类房屋的居住对象一般是一些年轻的白领，其房屋面积通常在 35～50m²/户。

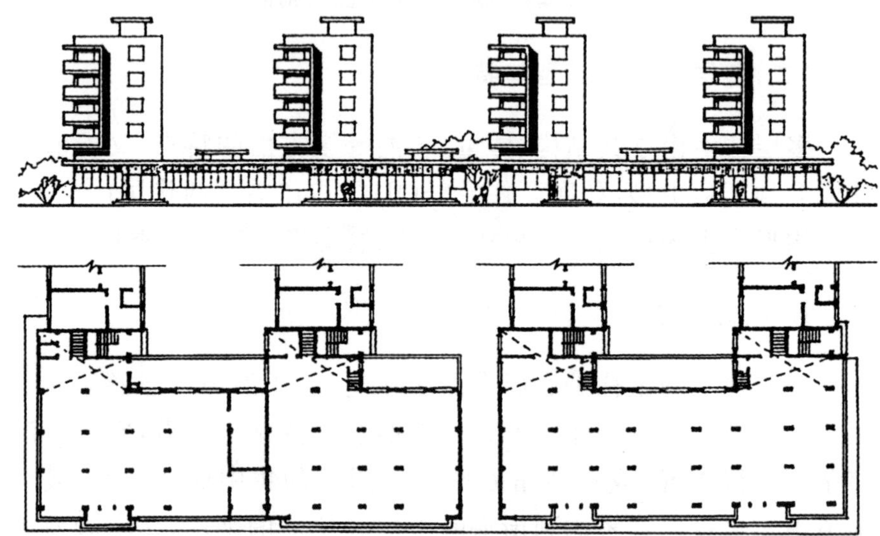

图 3-24　底商住宅

3. 青年公寓

青年公寓的主要住户是青年夫妇，或者是有一子女的家庭，这类住房主要是为他们提供了过渡性住房，它通常适用于 20—30 岁处于经济积累阶段的年轻人。因此，青年公寓多是小户型，主要以一室一厅或二室一厅最为常见。

青年公寓的建筑面积通常较小，但是功能齐全。设计时应该结合青年人的心理特点、行为模式进行合理布局，并使其具有一定的灵活性，充分提高空间的使用效率，紧凑而又不局促，舒适而又有情趣。

小户型住宅因为面积较小，只能满足人们最基本的生活需要，所以，应该在住栋中考虑设置公共健身、娱乐、交流空间，满足人们多方面的精神需求。

4. 老年人住宅与两代居住宅

当前，我国已经步入了老龄化社会发展期，老人在社会总人口中的比例逐年攀升，为老年人提供良好的生活环境是全社会都在关注的问题。

(1)老年人住宅

老年人住宅(图 3-25)通常是老年父母和子女分住情况的一种户型。进入老年之后，人的身体机能逐渐退化，视力、听力、体力等各项身体功能都有所降低，所以在设计房屋时应考虑到这些因素，设计一个符合老人生理、心理特点的住宅。

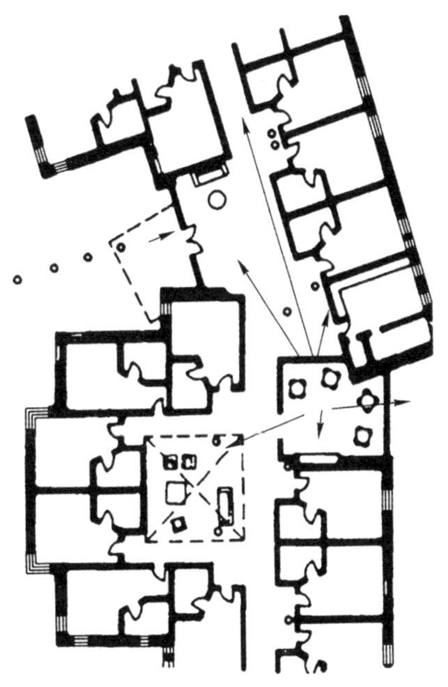

图 3-25 老年人住宅设计

老年人住宅设计的需要注意下列几个方面。

①老年人最好不要选择错层、复式的住宅。住房的入口应适当增大面积，地面应力求平坦，不能设置门槛等其他障碍物。

②老人身体机能退化，容易失禁，所以厕所应该布置在临近

卧室的地方,并要装有长明灯。

③室内要避免有过多走廊和视线死角,这样一旦老年人发生意外,家人能立即发现。

④地面、卫生间应防滑,厕所、楼梯和走廊两侧应设扶手,转弯和凸起的地方应有鲜艳醒目的标志。

⑤老年人适用有明格的橱柜,且有抽屉的柜子受到老年人欢迎。

⑥老年人住宅可以适当地离商业区与餐馆稍远些,但是离菜市场与超市可以近一些。

⑦老人的体温普遍偏低,所以要有较好的供暖设施。

⑧老人的视觉普遍下降,房间的照明度应该提高到 2 倍以上。

⑨住宅的面积应适中,房子过大对能源的消耗就会增大,也不便打扫,并且太过空荡的房间易使老人产生寂寞感。但是厨房和卫生间的面积则要适当增大,以便于老人利用辅助行动设备。

总而言之,老年人最适合住在综合社区中,周围有其他的老人、青年人与孩子,这样能够更加自然,更加利于老年人的身心健康。

(2)两代居住宅

两代居住宅(图 3-26)是老人和子女们在一起同住的类型,这样的房屋类型可以让老人得到更好的照顾,符合中国传统的生活习惯。由于青年人和老年人在很多方面都存在差异,如思维模式、生活方式等,所以要让青年人和老年人在套内拥有各自的相对私密的活动空间,既分又合,各得其所,这就是两代居住宅有别于一般套型之处。两代居套型内的厅室多,常有两套起居室(厅)、卫生间及卧室,一套厨房及餐室,就餐时大家都聚在一起,能够充分体现出大家庭的和睦氛围,其余的时间则有足够的空间满足各自的安排,互不干扰。也有的是把两套相邻的住户打通,形成一种大的两代居套型。

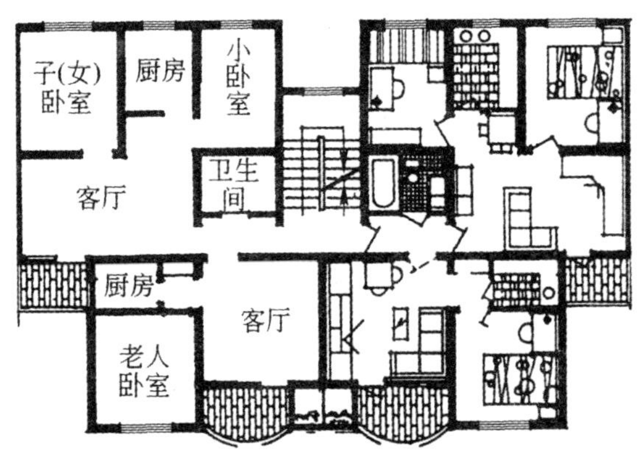

图 3-26　两代居住宅

(三)多层住宅的造型与风格

1. 造型

(1)体量组合

居住建筑的外观造型基本是其内部功能空间的直接反映,根据统一中求变化,变化中求统一的原则,从造型的规律方面做艺术的处理,能够取得十分宜人的视觉效果,可以更好地体现出住宅的性格特点。

在套型的组合与类型方面,因为组合的方式不一样,带来的整体体量组合也会有一定的差异,点式和天井式多层住宅的套型是多向组合,考虑采光和通风以及避免视线的干扰情况,外观会出现凹凸的变化,和单元式、内廊式、外廊式等常为线形单元组合的类型相比,变化比较丰富,可以在层数上高低错落与退台处理。位于端部与转角的套型也和其他的类型不同,这种差异带来的变化,极大地丰富了整个住宅的空间体量。

(2)立面造型

除了体量组合所产生的形体方面的变化之外,可以对墙面进行构图和色彩的造型处理,形成多样的变化。由于多层住宅的平面与结构、构造特点,其立面的造型处理往往会体现在屋顶、阳台、色彩等多个方面。

①屋顶处理。主要分平屋顶、坡屋顶以及组合式屋顶等,现在很多住宅都追求“平改坡”设计,这体现了对建筑的第五立面的重视,同时也是对保温、节能、排水作用的重视。

②开窗处理。主要的形式有三角窗、转窗、凸窗、弧形窗、落地长窗等,其对住宅的立面具有很好的构成效果,打破了立面的平面感,增强了立体感与变化,同时也为室外的空调机设置打下了基础。

③阳台处理。阳台的设计成了多层住宅造型变化的一个重要亮点,设计者往往采用材质、色彩的组合与封闭、半封闭的方式,体现出时代感与个性。如玻璃栏板、金属板等。

④色彩处理。21 世纪以来,住宅的造型更多的是追求个性化、时尚化特征,因此对红、黄、蓝等色彩的大胆运用,往往见于住宅的外观色彩处理方面,这给住宅的形象注入了比较活泼的因素,而外墙的材料通常是以涂料为主,且五年就要重新刷一次。

2. 风格

(1)欧式风格

欧式风格也叫“仿欧风”,随着 20 世纪 90 年代商业主义的逐渐兴起以及住宅商品化的快速发展,对物质的追求以及财富的炫耀倾向逐渐萌芽,而欧式建筑的装饰则能够满足人们的虚荣心与消费欲,受商业主义原则的深刻影响,某些设计者与开发商都极力追求建筑物的外观感官刺激,欧式风格的住宅普及到全国的城市乡镇,但其中良莠不齐,有向庸俗化发展的趋向,不过也不乏经典作品。恰当地运用、借鉴西方古典建筑的形象与符号,能够给住宅建筑的设计带来新语言、新方法及新风格。

(2)现代风格

现代风格主要体现在其功能方面,形式能够反映功能的现代主义主张,在住宅设计中,主要是讲求平面上功能的合理性,立面造型简洁大方反映使用功能与材料、结构特性,不追求额外的装饰，风格相对较清新，体现出住宅建筑的时代性、工业化、商业化要求。

(3)地方风格

这种风格特征即充分地考虑到所在城市的景观要求与地区风貌，建筑的造型和基地环境、历史建筑等多种因素的和谐统一，特别是在历史建筑保护街区以及历史文化风景保护区中，在建筑的风格和高度、尺度、体量、色彩、材料、形式等多个方面都要求与被保护建筑相和谐。

三、中高层住宅设计

中高层住宅(12层以下的住宅)是目前国内刚刚发展的一种住宅类型，被公认为是一种集多层住宅和高层住宅的优势于一体的类型。相关的研究表明，从节地、经济、灵活性、居住环境质量等多个因素的综合方面看，中高层的住宅都具有极大的发展潜力。

(一)中高层住宅的设计定位与原则

尽管中高层住宅的优势比较明显，但是其居住的舒适性和经济性之间存在十分微妙的关系，一直都是困扰其发展的主要因素。从前几年出现的7～9层住宅不设电梯的现象，到最近几年出现的“大套型、高标准、一梯两户”成了很多大城市中“豪宅”的典型象征，中高层住宅设计由一个极端走到了另外一个极端，这引发了人们对中高层住宅设计的定位与原则的探讨。其实，中高层住宅的设计定位与原则与它的需求有关。

1. *以经济实用为主*

中高层住宅中因为增加了电梯等基础设施，结构形式和建筑材料等方面也都逐渐得到更新，使其造价要比多层住宅有了一定程度的增加，但是这也不能成为其朝豪华型发展的关键理由。第一，随着居民居住层次和品质的快速提升，电梯必将成为住宅中的重要垂直交通工具。第二，中高层住宅的节地性能、交通方式都比多层住宅更优越，而其套型平面也是对多层住宅的再次延续，使其可以被广大的普通居民所接受，具有很好的推广普及性。此外，国家康居示范工程是为了引导 21 世纪初期大众居住生活水平而建造的居住小区，在其规划设计中提出了住宅应该以多层或中高层为主的理念，提倡发展 7～11 层配电梯的住宅类型。所以，中高层的住宅仍然应该定位在经济适用型康居住宅上。

2. 以人为本采用一梯多户单元平面

当前较为常见的一梯两户型中高层住宅，其电梯的使用效率较低，通常一部电梯只服务 16～20 户左右，而香港地区较经济的电梯服务户数一般为 60～80 户/部。因此，为了减少电梯的户均分摊费用，降低户均分摊的电梯管理、使用和维护费用，也为了提高电梯的使用效率，发挥电梯的最大效能，应针对我国的实际经济状况和城市居民的实际购买力，将经济适用型中高层住宅单元平面的设计定位于一梯多户型。

3. 应合理控制面积标准

根据不同家庭的规模情况看，制定一个比较合理的住宅套型面积标准，提高各项配套设施的功能与质量，以此达到控制当前日益增加的城市人均居住区用地面积指标，节约城市用地的目的。近年来，国家也加大了对当前房地产市场的宏观调控力度，多次出台了相关的措施来调整住房的供需结构，其中，首要的一点是“重点发展中低价位、中小套型普通商品住房、经济适用住房和廉租住房”的政策。

(二)中高层住宅类型

1. 单元组合式

当前中高层住宅单元平面的设计大多都是沿用了多层住

宅的设计思路，只不过是每单元都增加了一部电梯，所以多数小高层住宅建筑的单元及其套型平面都和多层住宅大体上相同（图 3-27）。

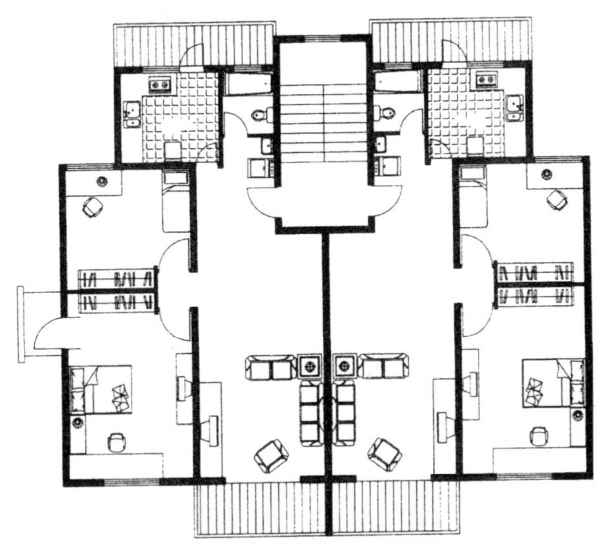

图 3-27　小高层住宅设计

一梯两户型的设计类型，在布局、采光、通风等效果方面都较好，但是电梯的服务户数太少，电梯的使用效率较低。而一梯多户型的住宅，虽然提高了电梯的服务户数以及使用效率，但是中间的套型通风效果比较差。所以在设计时可以和短外廊式相结合进行布局，这样可以改善中间套型的通风问题，同时还具有组合方面的灵活性。

2. 廊式设计

这种住宅的主要特点是电梯服务的户数较多、电梯使用的效率较高，但是邻里相互干扰较大，采光与通风效果也不好。其中，长外廊式比较适合南方地区，或处理为外跃廊型以减小走廊对住户形成的干扰（图 3-28）。长内廊式则适合东西方向的布置，或者通过内廊跃层式设计来缓解采光、通风等方面的问题。

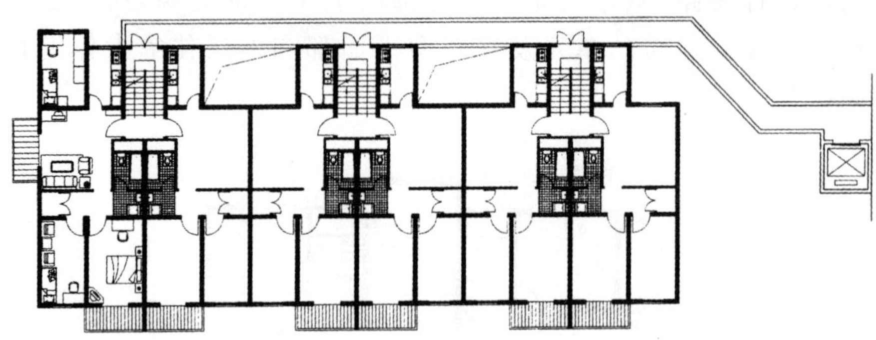

图 3-28　中高层长廊式建筑设计

3. 塔式设计

点式中高层住宅和塔式高层住宅的平面布局十分相似，但是因为高度不同，所以体型没有塔式住宅显得挺拔。根据防火规范划分，塔式中高层住宅可以只设置一部电梯、楼梯，但每一层的建筑面积不应超过 $500m^2$。楼梯应该设置封闭的楼梯间，若户门采用了乙级防火门也可以不设(图 3-29)。

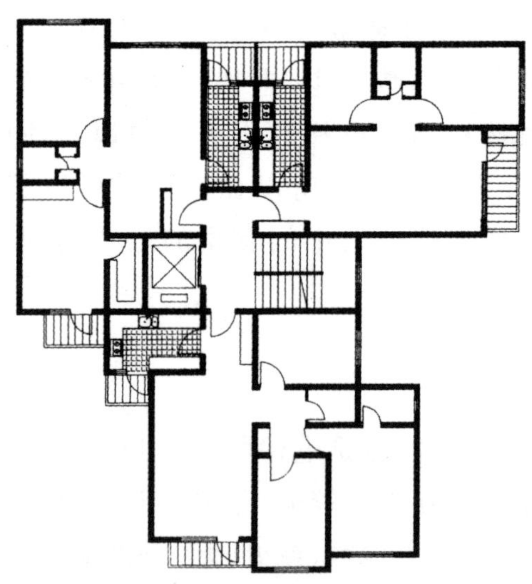

图 3-29　塔式中高层住宅设计

(三)高层住宅设计

在这里,我们所论述的高层住宅高度是在100m以下的住宅类型。它可以分为下列几种类型。

1. 板式高层住宅

(1)单元组合形式

以单元组合成一栋建筑,单元内的各个住户以电梯、楼梯为核心进行布置;楼梯和电梯组合在一起或相距不远,以楼梯为电梯的辅助工具,组成一个垂直交通枢纽。单元组合式通常在一单元中仅仅设置一部电梯,电梯的每层服务户数是2～4户,内部的水平交通面积比较少,因此安静且住户较少受到干扰。以单元组合而成的板式高层住宅,是目前我国最为常见的形式之一。

(2)内廊外廊组合

早期国内外的高层住宅设计中大多都会选用这种类型,但是各户的朝向、自然通风,内廊的采光、通风都比较差。但是在户型面积比较小,建筑的标准较低的高层建筑设计中却时常被采用。

(3)跃廊式(跃层式)

从每层设一个公共走廊改变成每隔几层就设一个公共的走廊形式,叫作跃廊式。各户型上、下层之间通过内部的小楼梯相联系,使每户都有一个良好朝向的房间,还有穿堂风的组织,空间组织富于变化。每户占用两层面积时,就成为跃层式。它有利于克服公共交通面积过多,户与户间的干扰过大,通风、朝向等不利的因素。

2. 塔式高层住宅

塔式住宅通常是以一组垂直的交通枢纽作为中心,各户型环绕在各边分布,通常都极少与其他的单元相拼接,从而形成比较明显的高宽比,所以也叫点式住宅。

塔式住宅的主要特点如下:

(1)塔式住宅通常是中心位置是垂直的交通枢纽,户型较多时,很难组织各户的穿堂风。

(2)可以适应较小的地段,使小区内部用地紧凑的同时还能提高人口容积率。

(3)住宅平面的类型比较丰富,最常见的有矩形、Y 形、T 形、H 形等。

(4)塔式住宅的体型多为高耸、挺拔、多姿多态的样式,在住宅小区组团中可以让小区内部的空间层次更为丰富、错落有致。

(5)塔式住宅户型通常都十分紧凑,平面形成凹凸状,从而获得次要空间的采光和通风。

第四节　不同地区和特殊条件下的住宅设计

一、严寒和寒冷地区的住宅设计

严寒地区的气候特征主要表现:冬季比较漫长且寒冷,夏季十分短促且凉爽;气温的年较差较大;冰冻期较长,冻土深,积雪厚;雨量大多集中于夏季;太阳辐射量大,日照丰富;冬季多大风。

我国严寒与寒冷地区的城市住宅应根据采暖居住建筑来设计。所谓采暖,就是指通过各种不同的方式提供热能,使室内空间可以满足人们对热舒适环境的需求。寒地的住宅设计在满足一般的居住建筑设计原理的同时,还需要满足冬季的保温、采暖设计、住宅的节能设计以及室内空气质量的需求。以往我国严寒与寒冷地区的城市住宅设计尽管已包括了冬季保温设计与采暖设计的内容与要求,但是还存在着原有设计的标准太低、热工性能低等方面的问题。

首先，避免在凹地选址。我国冬季由于冷气流和河谷冷风环流在地形低处易形成冷气流聚集现象，从而造成了对建筑物的局部降温，使位于凹地中下部的楼层为了可以保持正常室温而不得不增加能量的消耗。

其次，争取日照。人类的住宅建筑应该更多地利用太阳所产生的能量，在设计中应该力争做到下列内容：满足日照间距的要求、避免周围的建筑严重遮挡阳光、选择最佳的建筑朝向。

再次，避免季风干扰。我国冬季风形成极为强烈的冷风气流，风速十分强劲、温度比较低，建筑物容易收到强烈的侵袭，这在一定程度上就增加了建筑物和场地外表面的热损失，所以在住宅设计时应尽可能地避免不利风流的影响。

最后，建立气候防护单元。在居住区和住宅小区的设计规划过程中，应该结合住宅建筑的建造地点，把若干栋住宅和防护设施根据有利防卫当地冬季恶劣气候的条件来组合，使之可以形成“气候防护单元”，形成整体防护体系是比较合理的。

二、炎热地区的住宅设计

（一）气候特征

在地理学中，炎热地区大多数属于亚热带气候区，部分地区则属于热带气候区，其主要的气候特征表现为：夏季高温、时间长，最热的月份平均气温能够达到25℃～30℃，昼夜温差较小，内陆的要比沿海的稍大些。

太阳的辐射强烈，但是日照时数比较少。年日照百分率通常为30％～50％，其中全国最低的川南黔北地区不足30％。

相对湿度高、年降雨量大。年平均相对湿度可以达到70％～80％，四季的变化不是太大。

我国大部分炎热地区都属于湿热性气候，其主要的特点表现为“潮湿闷热”，所以，建筑的隔热与通风性能就显得比较重要。

(二)住宅平面设计与处理

在现代社会生活的大背景下,在十分炎热的季节中,人们多会使用空调来降温,以改善住宅内的生活条件。虽然空调能够在短时间内有效地降低室内温度,但是却造成了大量的资源浪费,所以,在住宅的设计中还需要通过合理的住宅平面设计以及有效的建筑处理降低室内过热的气温。

1. 建筑朝向的选择

炎热地区的住宅朝向选择,可以深刻地影响到夏季时的强烈太阳光对住宅的辐射角度、时长等;同时,也会对利用夏季的季候风造成极大的影响。使住宅位于一个十分合理的朝向,可以极大地减小太阳辐射对住宅造成的不利影响,同时也有利于组织住宅的通风。

东、西朝向对住宅来说是极为不利的。这是因为太阳光对东、西向的墙面和门、窗形成长时间的辐射,会使东、西墙面的温度比较高,也会使夏季太阳光通过门、窗入射到室内的深度较大,而且持续的时间更长,最终使室内的气温升高。

北向的住宅一般受到太阳直接辐射的影响会较小,但是,夏季的早晚容易受太阳低角度的辐射影响。南向时,夏季的太阳高度角很高,所以日光入射室内的深度比较小。

所以,炎热地区的住宅朝向选择往往以南偏东 15°到南偏西 15°的范围为佳,偏角增大就会导致条件变差,南偏东或者南偏西的偏角都不宜超过 45°,同时偏东要比偏西好些。

2. 住宅内部的通风组织

(1)建筑平面的设计处理

如果想要取得一个良好的自然通风效果,一定要组织穿堂风,使风可以顺畅地流经全室,所以就要求住宅要有合适的进风口与出风口,进、出风口间的通风路线比较畅顺,并且还能流经人活动与休息的地方(图 3-30)。进风的大小,除了和室外的环境风速有直接的关系外,还和进、出风口的大小存在直接的关系。一般情况下,多是利用窗户、门洞做进、出风口,但是也需要注意不可以盲目地加大门窗的面积来加强通风效果,否则会对节能产生不利影响。

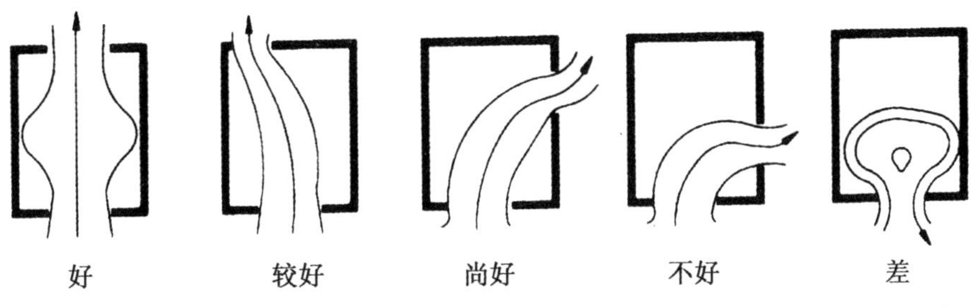

图 3-30　住宅中的通风路线设计

此外,推拉窗对组织室内自然通风比较不利,不能形成导风的作用,而且还会减少进(出)风口的面积。但是出于视野、安全以及建筑外观等多种原因,推拉窗的使用却是比较普遍的,往往会在高层建筑中得到较多地应用。

通风在剖面上的路线不同,产生的通风效果也会相应地不一样,通常应该考虑通风路线可能会影响房间的底部。

(2)建筑的局部处理

首先,凹阳台能够使引风入室十分有利,除了本身具有较好的兜风的作用,由于其附近的建筑外墙多被阴影所遮蔽,因此温度也会相对低一些,与室外的空气形成热压差,也可以把一定量的风导入室内(图 3-31)。

其次,减少阳台挡板的阻风作用,使其十分通透。如处理成平行于主要风向的导风板,可以把偏离主要风向的环境风导入到室内(图 3-32)。

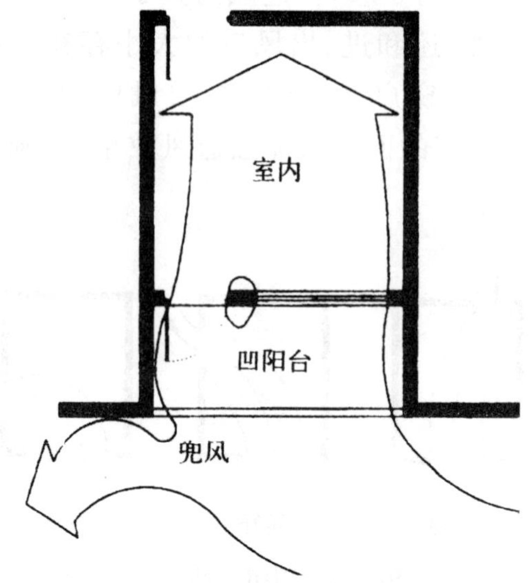

图 3-31　凹阳台兜风效果

图 3-32　阳台下导风设计

再次，利用窗扇的导风作用。通常而言，向外开的平开窗、垂直旋转窗以及悬窗都具有一定的导风作用（图 3-33）。

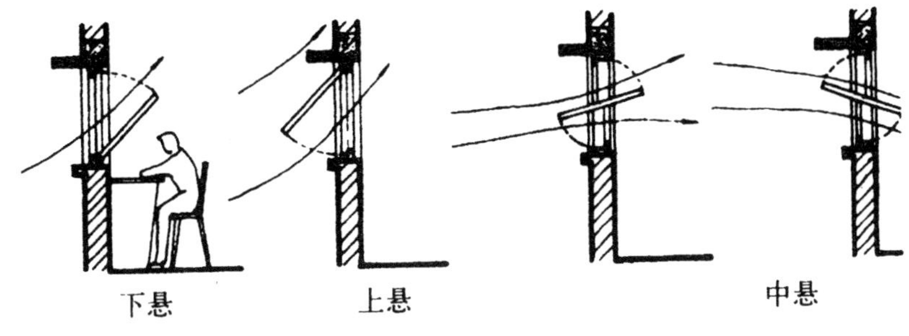

图 3-33　窗户开向导风

最后，利用其他的建筑构件如遮阳板、窗楣等的导风作用。水平式与垂直式的遮阳板分别能够起到不同的导风作用。

3. 遮阳和隔热

(1)遮阳

遮阳的主要目的是通过采取一系列的遮阳措施，减少太阳辐射对住宅室内的不利影响。据测定，通过门窗传入的太阳辐射热量的大小，和门窗的朝向、大小、位置及有无遮阳设施等因素存在极大的关系。门窗的位置较高或位于外墙的中部，与门窗的位置较低或位于外墙的一侧，前者较大、后者较小。所以，对炎热地区的住宅南向与东西向的门窗，特别是西向的门窗，应该做适当的遮阳处理，这也是降低住宅能耗的一个重要的手段。

遮阳的主要方式有水平式、垂直式、综合式以及挡板式。

水平式可以遮挡高度角比较大、从上方照射的阳光。从地区来看，更适用夏季太阳高度角相对比较大的南方低纬度地区(图 3-34)。

垂直式可以遮挡高度角相对较小，从两侧斜射的阳光，适用于东北向、西北向墙面以及北回归线以南的低纬度地区北向的墙面(图 3-35)。

图 3-34　水平式遮阳

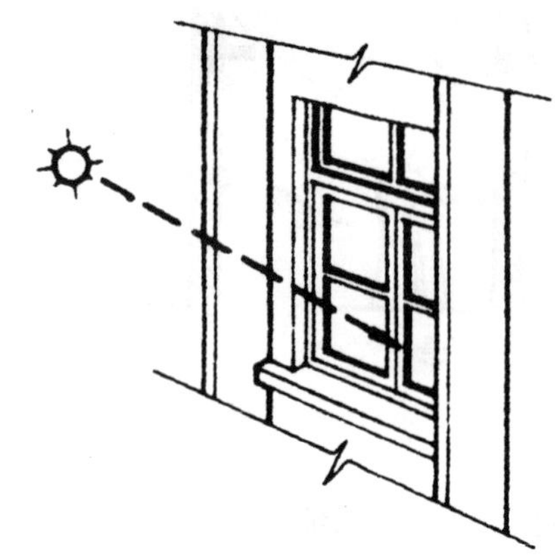

图 3-35　垂直式遮阳

综合式是水平式与垂直式的综合，可以遮挡各种角度照射的阳光，适应的地区比较广泛，以及适用一天中的各时间段，遮阳效果比较均匀（图 3-36）。

挡板式可以遮挡高度角较小、从正面照射而来的太阳光，通常只适用在东、西向的墙面上（图 3-37）。

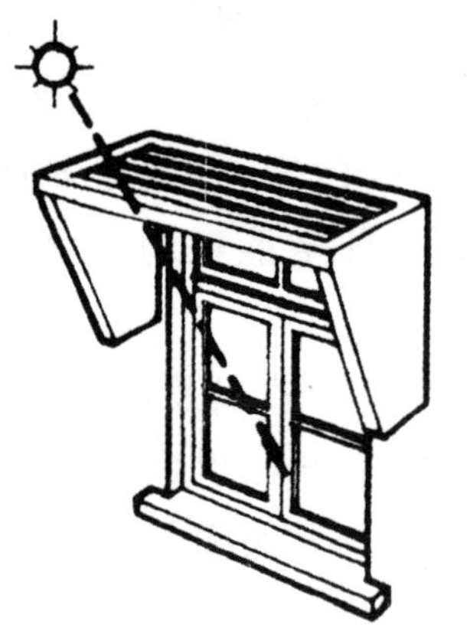

图 3-36　综合式遮阳

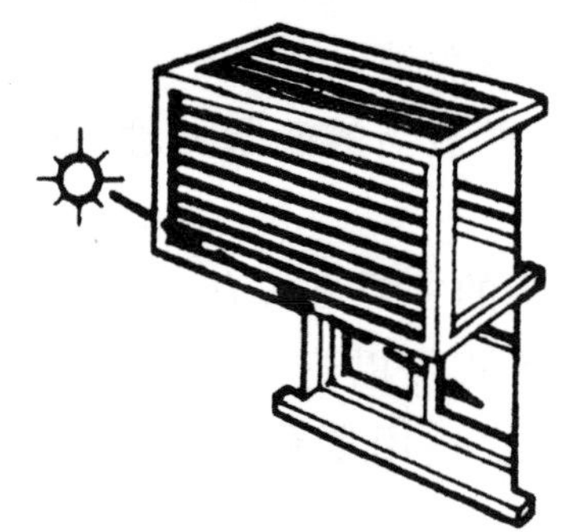

图 3-37　挡板式遮阳

（2）隔热

外界的温度对室内造成的影响，是消耗能量的另外一个途径，即通过外围护结构把热传入到室内。特别是屋顶，因为太阳的照射时间过长，并且以直接的角度辐射，使温度通常会高于墙体，所以有必要采取一些隔热的措施，具体方法如下。

首先，加强屋顶的隔热作用。利用一些隔热性能相对较好的建材和构造方法，减少屋顶受热的程度。

其次，加强门窗的隔热作用。加强门窗隔热的效果，除采用双(多)层窗(门)外，主要是提高玻璃、窗(门)框的隔热性能。对后者主要采用的是导热系数较小的材料。

最后，可以加强墙体的隔热作用。对多、高层的住宅而言，外墙所占建筑的总体外表面积的比重比较大，同时也由于空调的大范围使用，所以应该加强外墙，尤其是东西外墙的隔热性能。而如果不使用空调的话，良好的墙体隔热性能则对于改善居住条件十分有利。

4. 东、西向的住宅设计

东、西向特别是西向，在炎热地区是一个非常不利的朝向。但是由于住宅的数量较大，为节约城市的用地与公共设施的费用，考虑城市的街景需要或者用地形状的限制等多个原因，住宅不可避免地会采取东、西方向的布置。在这种情况下，需要在住宅的平面设计方面进行特殊处理。

东、西向住宅的平面形式大多是采用“锯齿形”进行布局，往往平面的凹凸能形成对主要房间一定程度的遮挡作用。

“锯齿”的形成一般有两种方式，一是把住宅朝东、西向的阳台或房间的局部进行45°的旋转，形成“锯齿”形；二是把各房间处理为呈45°的错位，形成“锯齿”形(图3-38)。其中，前一种方式在用地上要比后一种方式更具有优势，但是缺点也十分明显：会出现一些“异形房间”，从而影响家具布置与使用。

为了可以更好地遮挡东、西向的日晒，应该对“锯齿”做出一些局部的处理。可以将三角形的阳台面向东北或西北一侧当作挡板，还可以将其向外延伸，使其在平面上的长度超出阳台。对成45°角墙体上的开窗，应该采用带有遮阳设施的窗户。

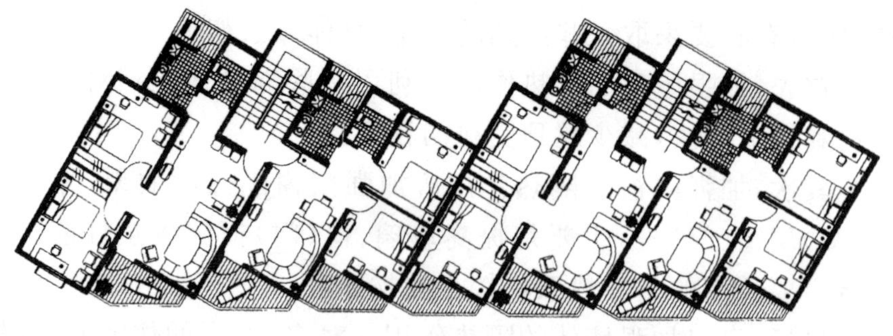

图 3-38 “锯齿”状住宅

三、坡地住宅设计

(一)坡地住宅垂直组合

1. 错叠

我们把各个单元在垂直方向进行交错叠合而形成的房屋,称为错叠式。如长外廊单元的顺坡,就是层层错叠而形成的建筑类型,住宅楼的内部没有楼梯,由室外的阶梯分层进入外廊,与各住户相联系。这种方式尽管能够比较方便地组织室内外以及垂直交通,但是对住户之间的相互干扰比较大(图 3-39)。

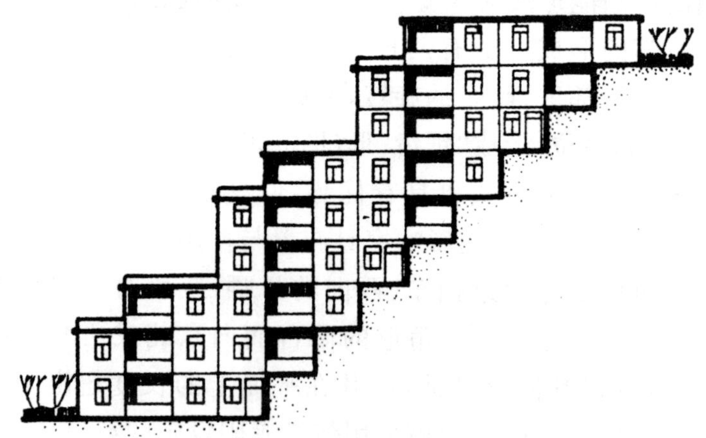

图 3-39 错叠式住宅

2. 迭落

迭落式住宅是指在各个单元之间，由于垂直方向的错落而形成的住宅形式。错落的高度对单元的内部不会产生特别的影响。因此，住宅楼之间可以灵活地依据地形的需要而随坡任意地进行迭落设计(图3-40)。通常而言，适宜选用长度比较短的小单元作为目标，以尽可能地减少土方作业量。除了高度方向的迭落外，水平方向上也应该相错，以适应多种地形的变化需要。

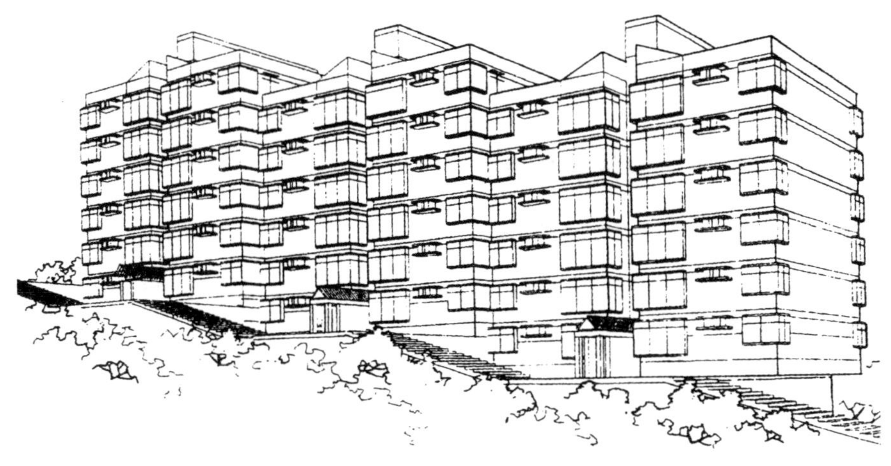

图3-40 迭落式住宅

3. 掉层

根据住宅建筑设计的地形需要，在局部范围下面增设一层，叫作掉层。图如3-41为一栋纵向掉层的住宅类型，掉层部分的平面上下对应，局部还做了特殊处理。此外，还有一种为横向的掉层住宅。横向掉层时，在掉层部分或许恰好就是一个单元或者完整的几家住户，掉层平面十分容易处理。

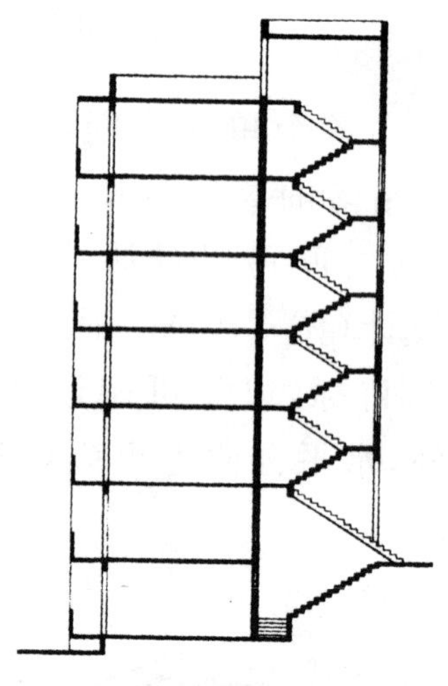

图 3-41 掉层住宅剖面图

(二)临街坡地住宅处理

当建筑临道路进行布置时,尤其是在山城的沿街住宅中,建筑的入口需要结合道路进行布置。其中,比较常用的处理方式有下列几种。

1. 连廊

当建筑的山墙临近道路时,可以在房屋的某几层设置一个连廊,和道路取得相对方便的联系(图 3-42)。这种处理方式能够减少无效升降的“反坡”现象。

图 3-42 连廊处理

2. 天桥

建筑基地标高低于道路时，可以由道路的标高处架桥直接进入到建筑的中部。道路的边缘应该修筑堡坎，建筑和堡坎之间留出采光的距离(图 3-43)。这种住宅设计方式可以避免先下楼后上楼的情况，所以能够适当地提高建筑的层数，如在重庆就有利用天桥的方式而修建的 10 层住宅。

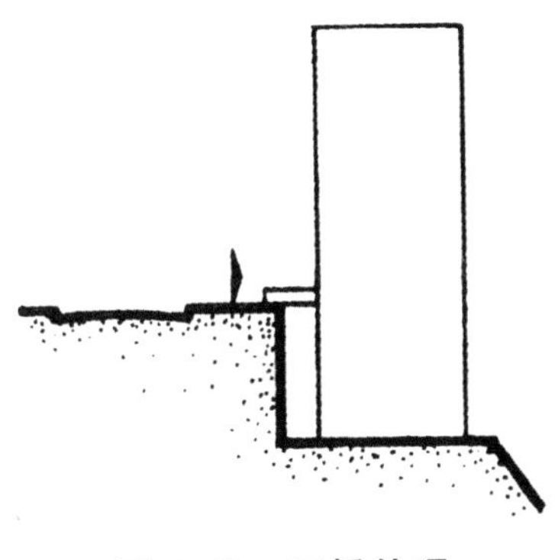

图 3-43　天桥处理

3. 吊脚

与道路同标高的基地宽度不足时，而且地形和地质十分复杂时，适合采用架空建筑，下部的空间不考虑使用吊脚的方法。吊脚的部分较小时，可以用悬挑的方式进行处理。吊脚和掉层有时也需要同时来运用(图 3-44)。

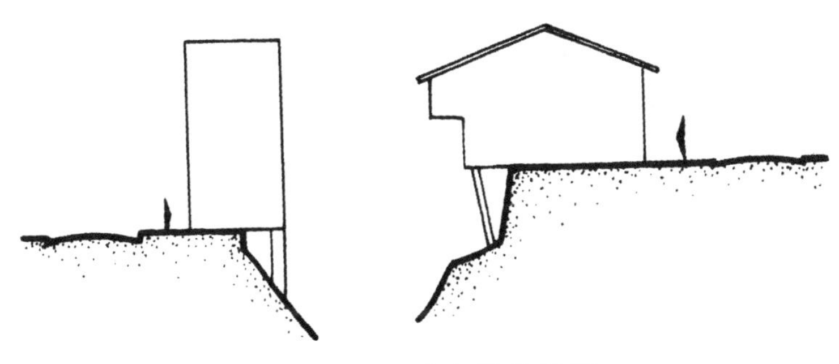

图 3-44　吊脚和悬挑处理

4. 掉层

与道路同标高的基地宽度不足以修建房屋,建筑的局部就需要进行掉层处理。依据地形的需要再决定是掉一还是掉数层(图 3-45)。

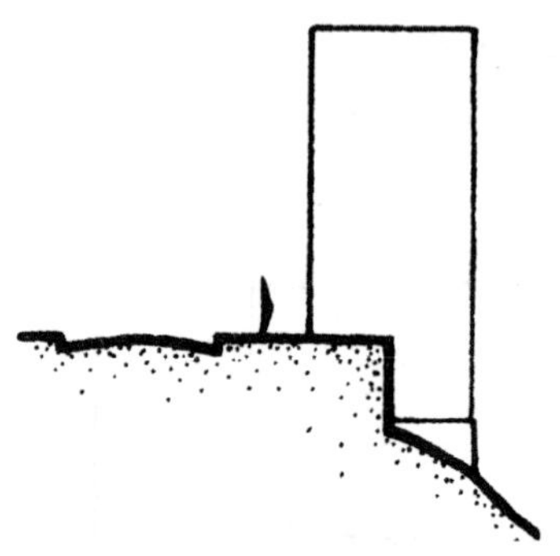

图 3-45 掉层处理

5. 凸出楼梯间

和天桥建筑比较相似,用凸出房屋外墙的楼梯间和道路进行连接,从楼梯的休息平台处进入到房屋(图 3-46)。

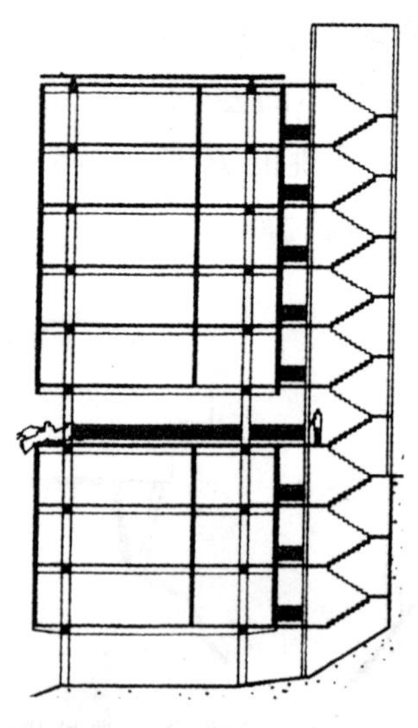

图 3-46 凸出楼梯间处理

6. 室外梯道

虽然室外梯道不是建筑的本身，但是也从属于建筑的组成部分。在考虑梯道的位置时，应和建筑的入口有机地组织在一起，注意人流的方向是否顺畅，避免出现迂回状况。前面所说的几种住宅建筑方式也常常和室外的梯道相配合。当建筑的基地高于街面时，大多采用室外梯道的形式(图 3-47)。

图 3-47 室外梯道

(三)结合环境与景观的坡地住宅

结合周围的环境以及景观来设计坡地住宅是一项十分重要的工程，特别是在规划一片住宅群时，一定要对周围的自然环境与人工环境充分地重视起来，并要做好景观的设计。通常情况下，我们可以从以下几个方面来考虑。

建筑组合需要结合地形以减少土石方的工程量，利用地形的有利因素，克服其不利的因素。

建筑体型和坡地的环境要协调统一，通常而言，体型不宜太大。

应恰当地规划道路系统，小区内的车行道坡度应适当，过陡则会造成行车不便，过缓的话就会增加土方与道路的长度。同时还应与当地的气候环境相结合，如南方小区级的道路纵坡可以达 8%，局部甚至可达 10%，组团级的道路纵坡不宜大于 12%。而在北方，应该考虑到冬季的道路结冰问题，坡度不可以过大。

处理好室外的环境，通常堡坎的造价比较高，需要合理地进行规划设计，避免过陡、过高，否则不但增加了工程量，还会对环境造成一定地破坏。

做好环境绿化设计，保护好坡地的植被，原有的树木应尽可能地被保护与利用，堡坎宜和绿化花池等结合起来处理。

重视景观的设计，新建筑应该成为整体景观的重要组成部分，并和坡地的环境相互协调，一方面要充分考虑到外界的视线对建筑的观赏，另一方面还要考虑到生活在建筑中的居民有条件欣赏景观。

如日本的六甲集合住宅群（图3-48），在设计方面力求取得和自然环境的互相协调，爬坡式的住宅，布置在两个台地间的地段上，其纵向的坡度可达60°，楼梯是这座建筑物的主轴，1～4层的露天楼梯是山地景观的重要组成部分，其第四层地面的大平台则是换乘电梯或是再登楼梯的一个过渡空间，还可以供住户交往以及儿童游戏用。5～10层的敞开楼梯让周围市区和港湾的景色一览无余，是一个典型的环境和坡地相结合的住宅设计案例。

图3-48　日本神户六甲住宅设计

结合地形的住宅设计同时还需要注意合理地解决各项工程

的技术问题，如除了需要考虑地形的表面高差之外，还要考虑地表之下的岩层深度，应该让土方与基础工程做到最省，避免由于地基不均匀而发生沉降状况。还应该根据地下水位的情况，考虑排水、防潮等措施，如靠堡坎的一侧以及地下室都应该做好排水与防潮的处理等。

第五节　其他类型的住宅设计

一、生态住宅设计

随着社会经济的飞速发展，人民的生活方式、生活观念以及生活水平都发生了极大地变化，而人们对于住区、住宅的认知也不再局限于满足单纯的居住功能，而是有了更高的需求，期望住宅能够满足更高层次的精神与文化需求。

（一）生态住宅的概念

所谓生态住宅就是指通过综合运用现代建筑学、生态学以及其他的科学技术成果，遵循自然生态和人类发展规律及可持续发展的原则，合理设计、规划住宅内外空间的物质与能源因素，使其可以在系统的内部有序地循环转换，最终获得高效、低耗、无废、无污染且可以在一定程度上实现自给的新型住宅模式。我们在这里所说的“生态”，并非普通意义上的绿化，而是一种相对环境而言没有害处且有利于人们工作生活的设计理念（图 3-49）。

环保是生态住宅的明显特征，即在住宅建筑的规划设计、施工、改建等所有的活动中都能够自始至终地将对环境的负面影响降到最低范围内，实现住宅区和环境间的和谐共存。这里的环境不但指住宅区内的自然环境，还包括住宅区中的人文环境、经济环境以及社会环境等。

图 3-49　法国生态建筑设计

现代住宅的生态化实践过程具有下列的基本共性。

1. 合理的选址性

生态型住宅要有比较合理的选址与规划，尽量保护原有的生态环境系统，最大限度地减少对周边环境的影响，而且还要充分考虑通风、日照、交通等条件的合理性。

2. 利用资源的有效性

生态住宅如果想要实现资源的有效利用，就要尽量使用天然的材料，如石料、木料、泥土、树皮等；并且要尽可能地使用再生资源，如太阳能、风能等；同时还需要注意采取各种节能的措施，有效地减少能源的消耗。

3. 资源的循环性

生态住宅要尽可能地减少废水、废气、固体废弃物的排放，并要使用各种生态技术实现废水、废物的无害化及资源化处理，使资源得到再利用。

4. 舒适的室内环境质量

生态住宅需要控制室内空气中的各种化学污染物质含量，以便让室内具有良好的日照条件和自然的通风条件，使其达到一定标准的舒适度，保证居住人的健康。

(二)生态住宅设计原则

1. 健康舒适原则

生态住宅设计的最主要原则就是要满足人体的舒适程度，如温度、湿度等。此外，还应对人的身心发展比较有利，如住宅中的充足日照可以起到杀菌消毒的作用；良好的通风条件可以获得高品质的新鲜空气等。在心理需求方面，生态住宅不仅要保证家庭生活所必需的安全性、私密性，还需要满足邻里间的交往、人与自然之间的交往等多种需求。除此之外，健康还有另一层含义，即指住宅和大自然之间的和谐相处关系。住宅应该尽量减少对自然环境产生负面的影响，如减少有害气体、二氧化碳的排放等。

2. 注重高效的原则

所谓注重住宅的高效，主要是指尽量有效地利用资源和能源，特别是对不可再生资源和能源的利用。而生态住宅设计也恰好就是要杜绝粗放、浪费的资源利用模式，以最低的能源、资源消耗去获取最大的经济与环境效益。

(三)生态住宅设计要点

1. 住宅区的风环境设计

如果建筑物的布局不合理，就可能导致住区的局部气候恶化。而高层建筑由于单体设计和群体布局的不当，极有可能会造成强风卷刮物体撞碎玻璃的事件。或许是对室外风环境的预测没有引起设计师们的足够重视,也或许是人们当前还缺乏一定的有效技术手段,当建筑师们在对建筑的住宅区进行规划设计时,一种十分常见的做法就是过多地把注意力集中于建筑的外观设计与空间利用方面。实际上,住宅楼之间的良好室外风环境,不仅意味着在冬季风过大时人们行走会轻松自如,还会避免夏季时在过多的地方形成旋涡与死角。

2. 水景设计与防止热岛效应

住宅区周围的建筑热环境不仅和气流的流动存在直接的关系,同时还和住宅区建筑的周围辐射系统存在着极大的关系。受住宅区建筑密度、绿地率、水景设施等多方面因素的深刻影响,在住宅区的室外气温环境中很有可能会出现热岛效应,而这会极大地增加对资源的消耗。因此,为了有效地降低住宅区的资源消耗,避免形成热岛效应,合理的建筑设计和布局设计是十分必要的。

需要特别指出的是,生态住宅设计并非等于简单地提高住宅区的绿化率,假如住宅区的环境绿化只是简单地使用大规模的绿地而不考虑与林地、水景等基础设施的结合,会使大量金钱都浪费在绿地的浇灌方面。

3. 日照、遮阳和采光设计

居室热环境受太阳辐射的影响较大,同时也是影响住户心理感受的重要因素。遮阳问题是指因建筑物的外观设计而引起的建筑围护结构实际接受的太阳辐射热量减少的问题。相应的,互遮阳则是指由于建筑群布局而影响到建筑物实际接受的太阳辐射热量减少的问题。

4. 围护结构布置

它主要是指外墙与外窗等围护结构的布置,体型系数这种概念并不会充分反映出外围护结构对建筑物热环境的复杂影响。事实上,对不同朝向的外墙与外窗来说,由于当地的主导风向不同而造成的渗透情况也会不同。对于热环境的一个好的解决方法就是利用现在国内外十分流行的建筑物能耗模拟软件做分析,从中选择一套相对合理的方案。

二、可变性住宅设计

住宅与人们的日常生活息息相关,长期以来,由于人们居住的需求以及生活方式的转变,再加上不断出现的建筑新材料、新技术的应用,人们对住宅空间的需求也在悄然发生着变化。而可变性住宅的出现,恰好满足了人类的这种需求。而从某种意义上说,可变性住宅是居住的基本需求。

(一)可变性住宅的基本概念

这里所说的可变性住宅,是指住宅的空间可以灵活多变,可以根据居住者的需要变换其使用功能,并且还具有动态发展的潜力来适应未来的需求变化的住宅。它不但体现在住宅某个特定的空间里具有十分灵活可变的功能,还体现在整个空间群体具有功能重组变化的能力,其具体表现在两个方面。

首先,可变住宅与改建或改造住宅不同,实现住宅可变的技术手段主要是通过建筑的本身固有的技术措施而达到的,是从建成之日起就已经被设定好了,所以其不同于建筑的改建或改造。而建筑的改造或改建不是设计之初就固定好的,而是需要破坏掉原有的建筑结构、布局,是一种永久性、不可逆的行为,而可变建筑的设计则是改变建筑的形态或空间布局,是阶段性的、可逆的,可变建筑有别于临时建筑。

其次,可变构件与临时构件是不同的,可变性构件是组成可变性住宅的一部分,是用来分隔空间和调节生活方式的重要组成部分,是除了承重结构和固定的管线之外的所有构件,包括户内隔墙、门窗、固定家具，以及各种屏风、折门及帷幕等，是可变体系实现状态转变的关键环节，可进行长期重复性使用；而临时的构件则是建筑的一个附加部分，只是短期的一次性使用。此外，可变构件的使用往往还具有周期性或内在的规律性，而临时性构件的使用却是不定期的。

(二)可变性住宅的实现形式

1. 复合空间设计

功能复合是指事物能够在不同的时段或同一时段内实现多种功能，而不是单一功能的设计思想。对于空间来说，“单一功能”与“复合功能”其实都是指空间中发生活动的多少。其中，“单一功能”空间只能容纳单项活动内容，而“复合功能”空间不但能够容纳多样化的活动内容，还能够诱发与鼓励更多的活动产生。“复合功能”的理念主要关注的是空间容纳功能的多样性，具体表现为空间多功能性，超越了平常所说的单一而固定的“功能”含义。

如现在住宅空间设计中的“半间房”设计，就是指多用途空间，只不过没有限定空间的具体作用，但是属于能够承载多种功能的房间。它的主要作用就是弥补居住空间的不足或丰富居住空间的功能。在必要的时候还可以将“半间房”并入到其他的房间中，所以，它并不像厨房、卫生间等具有特定的空间特性。实际上，这就决定了“半间房”的面积并不会太大，各个方面的要求也并不太高，只要可以丰富生活的内容、解决燃眉之急就行。

如图 3-50 中的住宅平面设计，“半间房”的面积只有 $6m^2$，位置的选择与卧室靠近，这就为将来卧室的扩充埋下了伏笔。

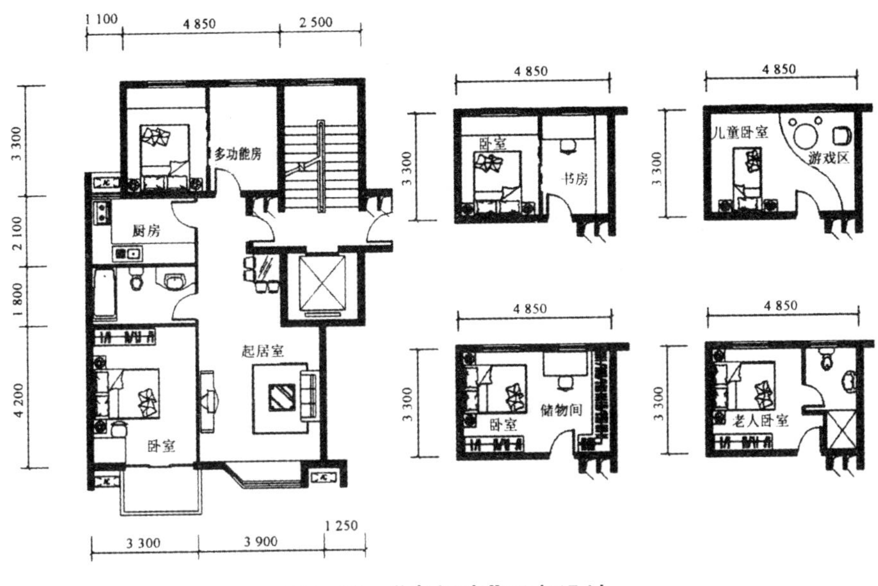

图 3-50　“半间房”可变设计

2. 空间数量可变设计

空间的数量变化设计主要包括两个方面，即空间的合并和数量的分隔。

首先，空间的合并主要是把多个小的空间合并为一个大的空间，也可把两户或者多户合并为一户。合并的主要结果必然是面积从小变大，户数从多变少。这也恰好是一种适应现代社会不断提高居住水平的设计方式，它能够使小面积的住宅适合若干年之后的中面积，甚至是之后的大面积需求。

如图 3-51 所示，在开间相同的住宅平面中，可以按照不同的使用功能需求，对各个功能空间大小进行灵活地合并与分隔，改变空间的数量和大小。所要注意的是，在改变房间空间和房间大小的设计中要注意这样几个问题：合理的房间尺度；要考虑好房间的采光和通风问题；可变墙的位置变化问题以及房间位置之间的相互关系。

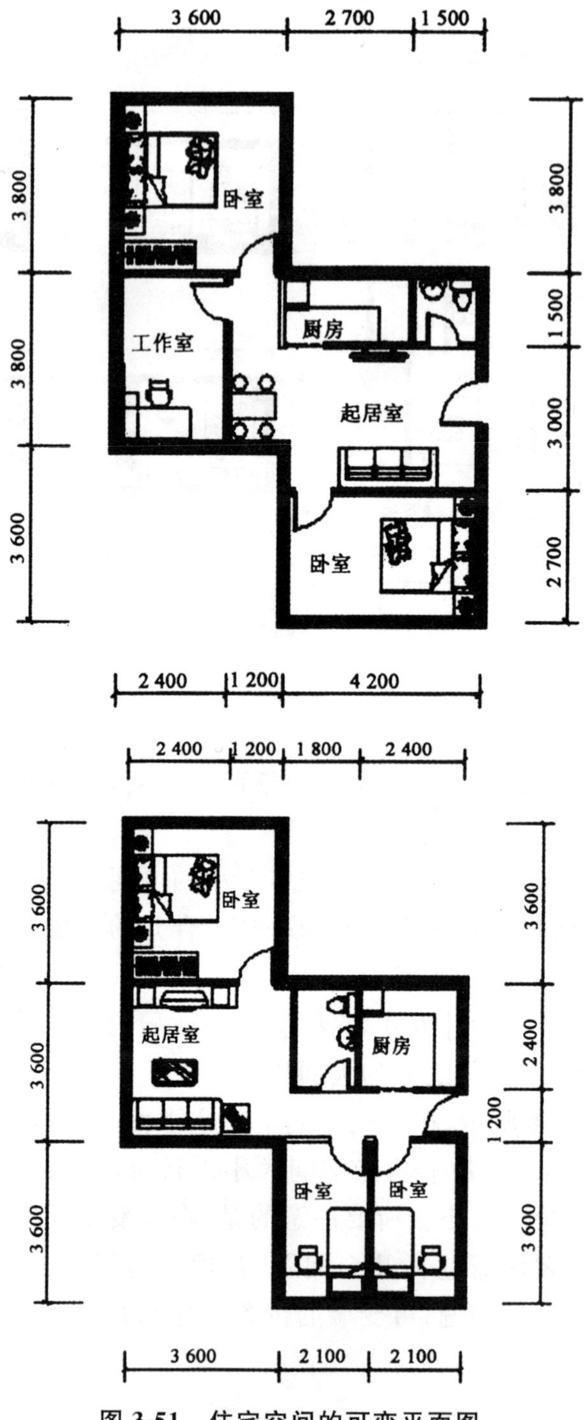

图 3-51　住宅空间的可变平面图

3. 空间形状可变设计

空间形状的变化途径是通过改变空间的形状实现的，满足了不同时段或者同一时段不同人对空间的需求，改变空间的形状具有明显即时的特征，居住者可以按照自己的需要随时改变空间的形状，通过一定的技术手段，如可推拉的轻质隔断、可移动的家具等实现变化。

针对空间形状的可变性，首先需要确定哪些住宅空间具有可变性，还要了解空间形状的延伸所形成的辅助空间；其次开发空间要有实用性，不能仅仅因变而变，空间的变化不是最终目的，而实现空间的最大效能才是空间设计的目的，如图 3-52 中某住宅的平面变化图，充分体现了空间可变的特性。

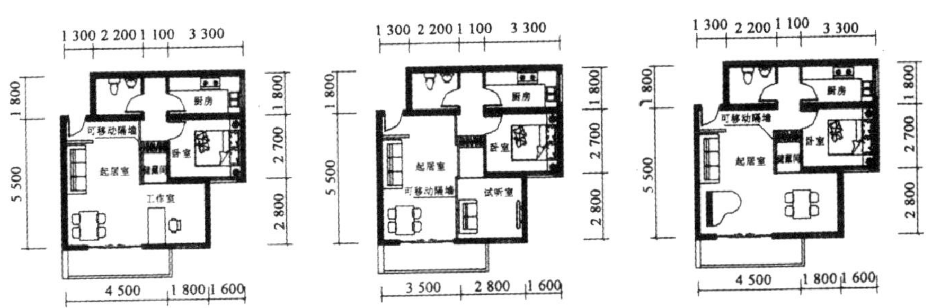

图 3-52　空间形状可变设计

4. 空间联系设计

这种住宅设计的要点在于“门”的位置与形状，选择恰当的“门”的形式对于创造与实现室内空间的灵活性、可变性都有极为重要的意义。

首先，预留门洞的位置。所谓“门”，从狭义上讲就是一个实体存在，是功能空间的出入口。空间联系的方式越多，也意味着空间关系越丰富，可以形成不同空间的组合效果。

如图 3-53 所示的三个房间，中间的小房间就预留了三种不同的开门方向，实际也就形成了和其他各个空间的多样性联系。

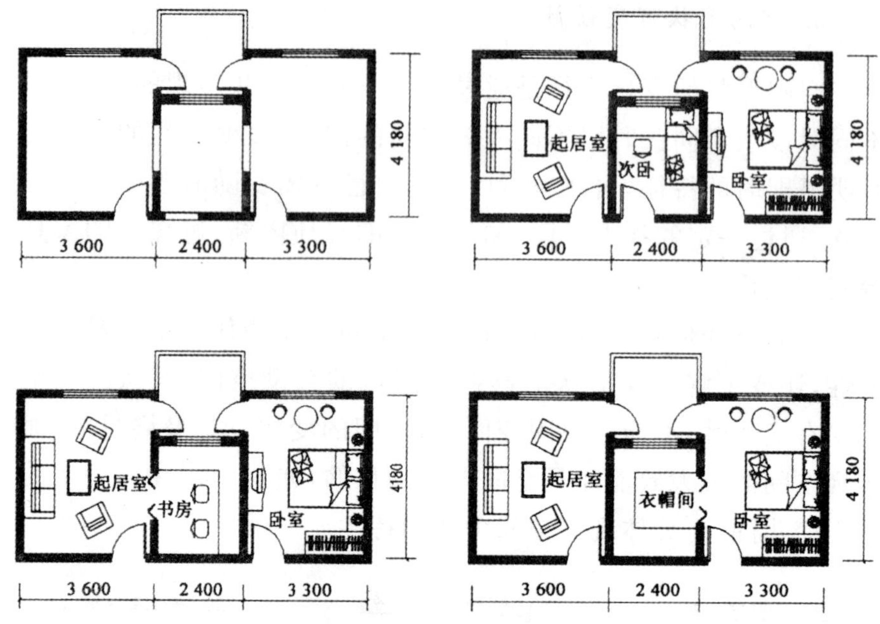

图 3-53 门的位置变化示意图

其次,选择恰当的分隔体。分隔体和门一样,起到共同的作用,即可以分离住宅空间。分隔体的形式与设置状态决定了两个空间的联系。对于分隔体的构成材料来说,透明的或者通透的分隔体可以使两个空间既分离又存在联系,比如玻璃、博古架等。当然,分隔体还包括上下移动的帘子、可以移动的家具,可以推拉的轻质隔墙等。

5. 其他空间可变设计

空间的可变方式包括空间的置换和空间延伸两种形式。

空间的置换是指为了能够适应两个或多个相邻住户使用要求方面的变化,可以让相邻的住户在使用面积上彼此做出调剂。其主要的方法是让同一楼层的相邻两个住户的隔墙或上下楼层的楼板能够拆卸,或者在分户隔墙与楼板方面预留洞口来实现空间连通。空间的置换可以是一个空间,也可以是两个空间,甚至多个空间。利用户型间的空间置换,形成多样的户型配比,进而提高整个住宅楼的适应性。

如图 3-54 所示，两个相邻单元间的房间能够并入其中任何一个单元，通过空间置换能够得出多种套型平面结构。

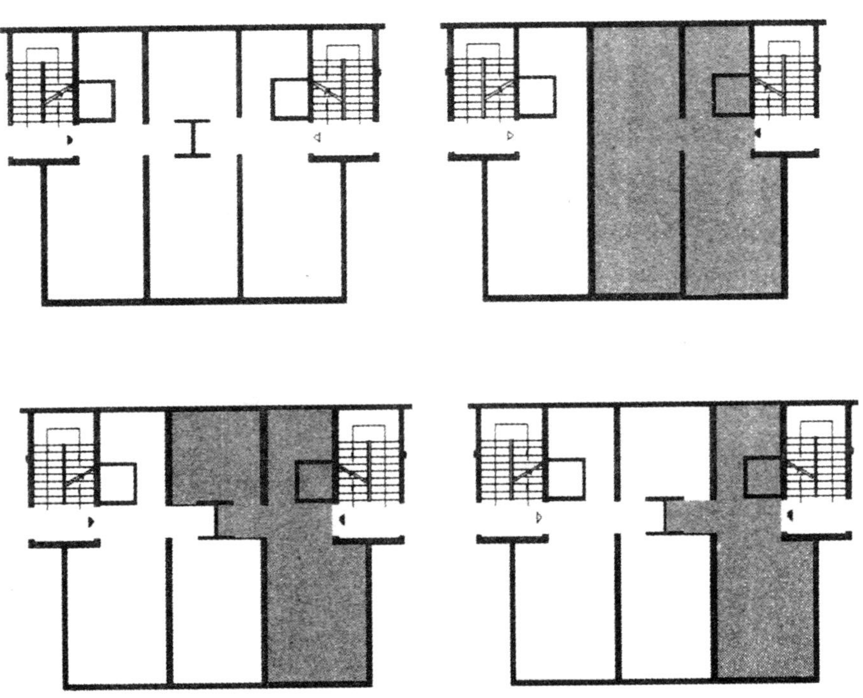

图 3-54　单元空间的置换平面图

空间的延伸通常是通过扩建的方法实现的，通常情况下可以分为水平扩建与垂直扩建两种类型，扩建型的空间延伸是永久性的，一旦建成之后就不能再进行改变。但是也可以采用临时性的设计类型。如冬季把露台用玻璃隔断围起来，形成一个空间作为日光室，夏季又把隔断拆除，变成室外空间，如图 3-55 所示，是一个住宅空间延伸设计示意图。

相对于住宅空间的水平扩建来说，垂直扩建更能使住宅的空间感丰富，但是上下两户的住宅联系却十分不便，主要因为在住宅建筑中，在住宅平面内部设置楼梯十分不方便。一个最直接的办法是，在住宅中设计部分封闭的奇偶错层阳台，在垂直的两户之间进行合并时，能够采用错层阳台来设置轻质的楼梯。

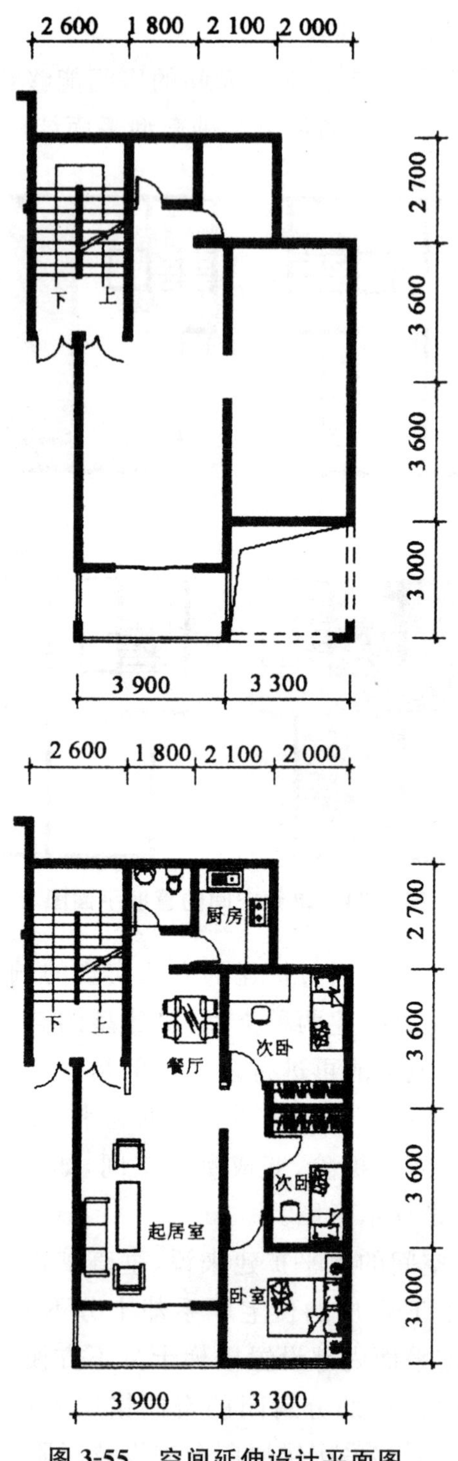

图 3-55 空间延伸设计平面图

第四章　住宅建筑的造型设计

住宅建筑的造型应给人以统一的感受与整体的控制力，通常需要从整体形象和细部处理两个方面来展开。整体形象的内容包括体型与体量、尺度、个性的把握与体现，细部处理包括建筑构图、建筑色彩等内容。另外，本章还对居住建筑造型设计中的关键部位处理进行了论述，从而塑造出形态优美、富有情绪的居住建筑模式。

第一节　整体形象

一、体型与体量

住宅的体型是多样的。独立式、并联式和联排式低层住宅的体量特征是小巧、丰富。多层、高层住宅则体量较大，体型相对简单，并富有较强烈的节奏感。

住宅设计一般采用均衡体型，即静态造型，包括对称的和不对称的均衡，这种体型给人以稳定感(图 4-1)。对于一些独立式小住宅，为了突出个性或吸引人的视线，有时采用不均衡的体型以产生运动感或创造矛盾、冲突等强烈的视觉效果(图 4-2)。

人对均衡体型的心理体验，主要是通过对轻重的感觉来实现。一般来说，垂直线条比斜线感觉重；圆形比方形感觉重；粗糙的比光滑的感觉重；实体比通透的感觉重；红色比蓝色显得重；令人感兴趣的和出乎意料的比平淡无奇的显得重。在处理住宅立面的视觉中心和整体造型的均衡关系时，合理巧妙地运用这些心理体验，有时可以取得事半功倍的效果。

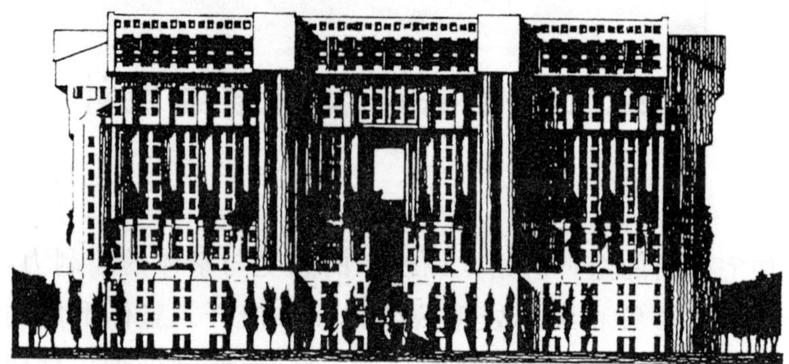

（a）对称均衡（法国拉瓦雷新城古典式公寓，波菲尔设计，1983年）

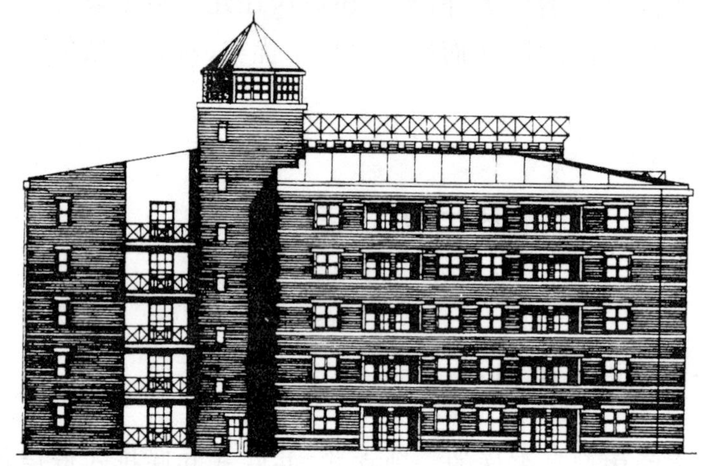

（b）不对称均衡（德国柏林蒂尔加藤集合住宅，罗西设计，1985年）

图 4-1　均衡造型的住宅

图 4-2　不均衡造型的住宅

城市集合住宅的基本体型大致可以分为横向和垂直两种(图 4-3)。住宅体型的设计,在平面设计时就应同时考虑。如将塔式高层住宅的平面处理成矩形、Y 形、十字形、井字形等,其体型往往比较挺拔(图 4-4)。

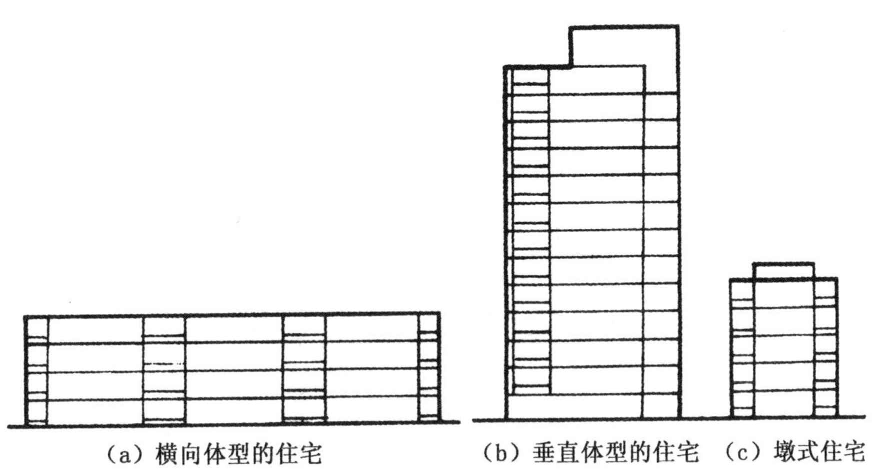

(a) 横向体型的住宅　(b) 垂直体型的住宅　(c) 墩式住宅

图 4-3　横向和垂直方向两种体型的住宅

(a) 厦门光华大厦　(b) 1993年北京住宅设计方案

图 4-4　垂直体型的高层住宅

当结构、层数等多方面的原因,使体型比例不好时,应尽可能加以处理。如点式中、高层住宅体型处理不好时会使之显得笨重,可适当改变层数并且加以垂直处理,打破其笨重的方形比例(图 4-5)。又如,横向体型的住宅因透视的关系,在水平方向往往感觉缩短;垂直体型的住宅受透视影响,在高度上常常感觉降低。考虑到这种视觉效果,一般需要在尺度和比例上加以修正。

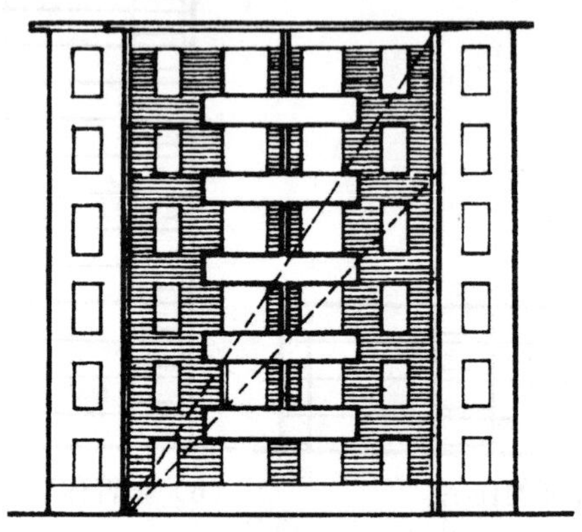

图 4-5 调整后墩式住宅的体型

许多住宅设计经常通过体型的变化和体量的对比,来创造丰富的视觉效果,其前提是住宅的面积、功能、结构等对住宅的限制相对较少。我国住宅目前虽仍较多地受经济、标准等条件的制约,但还是可以通过内部套型和面积的调整来实现体型的变化。在体量对比方面,可以通过单元之间不同的连接方式实现,也可以对局部构件的凹凸(如阳台、梁、板、柱、檐口等)与大面积的直墙形成对比来实现。

二、尺度的把握

住宅的尺度就是建筑物与人体的比例关系。尺度较大的建筑,给人的感觉是庄严、神圣、气派、难以接近;而尺度较小的建筑则使人觉得亲切、易于接近和具有人情味(图 4-6)。古代民居一般都为单层或低层,尺度较小,适于人居住。而现代建筑的层数大大加高,若细部处理不当,就会给人以冷漠无情的感觉。因此,住宅建筑在设计中应该选择适宜的尺度。

（a）巨大的城市尺度（北京）

（b）小尺度的建筑（美国温克勒和戈茨住宅，赖特设计，1939年）

图 4-6　建筑的尺度

为了缩小住宅的尺度，可以采用化整为零的方法，即通过材料、质感、色彩的变化和构件、洞口的凹凸设计，使大的墙面尺度变小。另外，将单一的外形轮廓改变为曲折复杂的外形，也可以起到减小尺度的作用(图 4-7)。

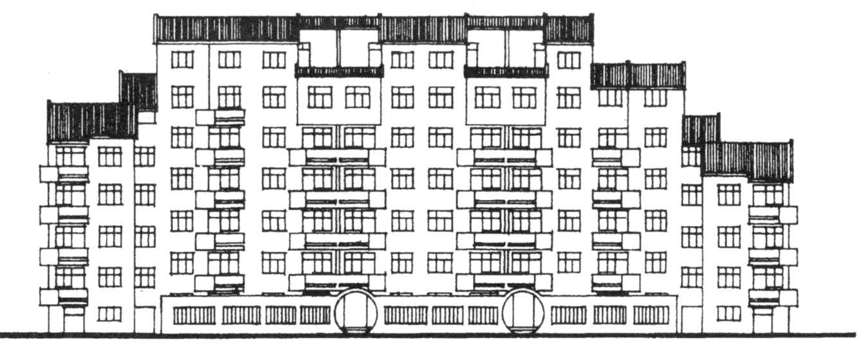

图 4-7　改变住宅单一外形，减小尺度

三、个性的体现

住宅的个性体现首先应遵循住宅总体的性格原则，即城市的背景和亲切宜人的尺度。但是这并不等于说住宅都是单一的面孔。在不同的环境中，要求住宅体现不同的个性或风格。

我国住宅的风格可谓多姿多彩，既有亲切淳朴，也有创新独特；既反映时代特征，也反映不同文脉继承。文脉继承倾向的表现又分为地域文化倾向和西方古典风格倾向。所谓地域文化倾向，主要是从我国传统民居中吸收营养，体现地域的文化特征（图 4-8）；具有西方古典风格的住宅建筑多分布于一些特殊的城市，如上海、天津、青岛、哈尔滨等。同时在越来越多的旧城住宅改造设计中，亦充分注意使住宅风格与周围环境相协调。

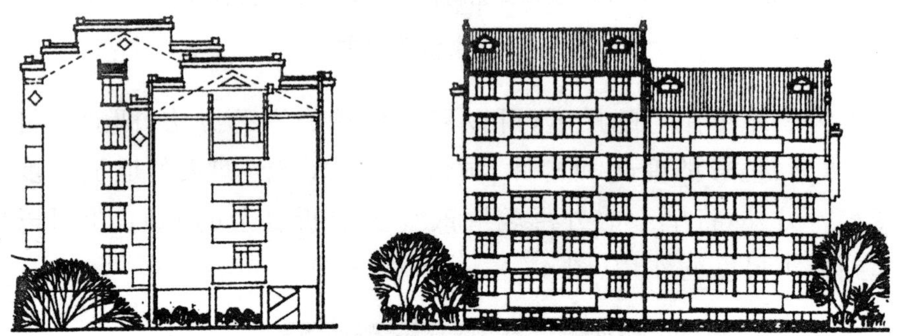

图 4-8　地域文化倾向

第二节　细部处理

一、住宅建筑的构图

（一）水平构图

水平线条划分立面，容易给人以舒展、宁静、安定的感觉，尤其是一些多层、高层住宅，常常采用阳台、凹廊、遮阳板、横向的长窗等来形成水平阴影，与墙面形成强烈的虚实对比和有节奏的阴影效果；或是利用窗台线、装饰线等水平线条，创造材料质地和色泽上的变化（图 4-9）。

图 4-9　法国萨伏依别墅

（二）垂直构图

有规律的垂直线条和体量可令建筑物形成节奏和韵律感，如高层住宅的垂直体量以及楼梯间、阳台和凹廊两侧的垂直线条等，均能组成垂直构图。

（三）成组构图

住宅常常采取单元拼接组成整栋建筑。在这种情况下，外形上的要素，如窗、窗间墙面、阳台、门廊、楼梯间等往往多次重复出现，这就是自然形成的住宅外形上的成组构图。这些重复出现的种种要素并无单一集中的轴线，而是若干均匀而有规律的轴线形成成组构图的韵律（图 4-10）。

（四）散点式构图

在住宅建筑外形上的窗、阳台、凹凸的墙面或其他组成部分，均匀、分散地分布在整个立面上，就形成散点式构图。这种构图方案一般可能表现得比较单调，但如果利用色彩变化，或适当利用一些线条与散点布局相结合，即可打破这种单调的立面。在一些错接或阶梯式住宅中，由于不便把整栋住宅的阳台、窗、墙或其他组成部分组织在一起，只有在其复杂、分散的体量上进行这种散点处理。某些跃层式住宅的外形，由于内部处理使得阳台是间隔出现，而非连续地大片布置在立面上，从而也会在立面上形成散点状的阳台布局，打破了一般常见的成组构图处理手法。这种散点布置的阳台，如在阳台栏板上施以不同色彩会更为生动。垂直体型的塔式住宅也可以不加水平线条处理，而任其自然地分散布置窗、阳台等，这种分散布置也给住宅外形以生动的效果。

图 4-10　北京紫金新干线

(五)自由式构图

随着住宅多样化的发展趋势，越来越多的住宅不拘泥于简单的形式，或将以上各种构图手法混合使用，或采用自由式构图以体现住宅的个性，或由于某些特殊的原因而形成了特殊的外形，令住宅的造型和立面更加丰富多彩。

还有许多顺坡建造的住宅，亦可组成各种韵律，表现出节奏感。此外，还有按照规划、地形的需要设计的曲线形带状住宅，形成柔和而弯曲的优美外形。

二、住宅建筑的色彩

建筑色彩是建筑材料、建筑表面处理的一种方式，是由宗教信仰、民俗、气候、制度等诸多要素共同作用的结果。正是这种复杂的关系，决定了建筑色彩不可能完全达到国际化，建筑色彩不可避免地带有地域的色彩。因而，不同的建筑风格需要不同的色彩。影响色彩因素的有地域、时代、民族，设计师个人喜好与修养等，会对建筑风格有很强的影响力，而和谐的色彩才能更好地衬托建筑风格。建筑形态中色彩塑造的作用包括：调整视觉平衡；加强形体联系；强化形体信息；改变形体尺度；划分等级；渲染气氛。[1]

图 4-11　用色彩对建筑进行改造，使建筑墙面效果更加富于变化

根据色彩理论得知，建筑的色彩因其色相、明度、色调而产生不同的知觉效应，如温度感、重量感、距离感、尺度感、注目感、疲劳感、明暗感、混合感、性格感、软硬感等。建筑的造型设计过程中通过对不同色彩的对比与调和达到不同设计目标。

[1] 潘强．设计色彩[M]．北京：中国水利水电出版社，2011.

建筑色彩的应用并非是一种纯形式设计，在居住建筑的造型设计过程中，还要考虑建筑所处的环境、居住建筑的居住功能、使用者的爱好与倾向等诸多因素。大量的居住建筑选用浅色暖色调，就是考虑人们更倾向于把居住生活定位于温馨亲切的基调，过于冷酷、深色的住宅会给人以压抑、沉闷的感受。当然，对于特定定位的居住建筑，其色彩亦可不拘一格，如某小区定位于年轻时尚群体，在简洁背景下施以鲜艳的红色和黄色调，可以形成富有朝气和活力的建筑形象。

色彩设计还要注意从色彩构图进行考虑，如对色彩的对称和均衡、比例与韵律、对比与呼应、主次处理等加以深入推敲。相同建筑形体材料、色彩置换后发生巨大变化，这种做法也常用于城市更新中的建筑物改造工程。色彩的形成既可以由材质的自然色形成，也可通过涂料加以修饰。

对于居住建筑而言，常采用基调加局部的处理方式。色彩设计的重点部位为墙体、窗户、阳台及屋顶，确定了上述四部分的色彩及其关系基本上就确定了建筑的总体色彩基调，然后对局部色彩加以协调和细化设计便形成统一而丰富的色彩体系。

三、重点细部处理

（一）入口

在新中国成立后的很长一段时间，对居住建筑的要求始终维持在保证居住生活的基本功能上，对于入口等空间的舒适性考虑不足，入口通常结合楼梯通道设置，仅具有通行功能。随着居住建筑品质的提升，门厅等入口空间逐渐受到重视。对于公寓而言，入口既是整个单元的共同通道，又是单元的外部形象，如图 4-12 所示。常见的处理手法是通过对附加部分强化入口的引导性，可外加完整的门厅，或有架空层的建筑将入口部分结合架空部分加以处理。

图 4-12　某高层住宅入口

居住建筑的入口虽然在整体建筑中所占的比例不大，却是建筑从户外到户内的过渡空间，是住户进出必经之所。因此，入口的造型设计涉及塑造可识别性和居民对建筑的认同感的作用。另外，在入口设计中要注意尺度的适宜性，对进出时发生的行为特征要充分考虑，同时还要对信报收发等功能设施加以考虑。

(二)裙房及底部

裙房及底部是居住建筑最靠近地面的部分，同时也是人们日常生活中与外立面接触最紧密的部分，因而需要对其做重点处理，可采取提高用材等级、强化细部设计等方法。

从视觉需要出发，裙房与建筑的底部一般会选择相对厚重的材质。如图 4-13 所示，基座部分用色较为沉稳，块材的尺度也较大，由此形成端庄稳重的形象。与此同时，在建筑性能上，底部的防水、防潮、防污能力也得以提升。常见的底部用材包括花岗岩、砂岩、板岩等天然石材和文化石等人造石，根据建筑的整体形态设计选择合适的色彩和肌理的材料。

如果全部用花岗岩、砂岩等天然石材塑造建筑底部的成本较高，往往应用在投入成本较高的居住建筑之中，而对于成本控制较高的项目，可采用较大尺寸的墙体砖、文化石或者仿石涂料来替代。

图 4-13 砂岩饰面的基座部分

虽然三段式的传统形态处理方式仍被广泛使用，但当前的居住建筑设计也有相当多样的其他处理方式，如建筑底部和上部通体采用相对统一的材料（图 4-14）；底部与上部的区分不是一刀切，上下材料穿插组合等方式。

图 4-14 采用通体石材墙面的居住建筑

(三)阳台与窗户

阳台和窗户是居住建筑的重要组成部分,也是其造型设计中最为自由、最有潜力的部位。通过对这些部位的位置、形状、材质和虚实等方面的变化,可以在很大程度上影响建筑的整体形象,如图 4-15 所示。

图 4-15 装配式阳台

从密闭性上分,阳台可分为封闭式阳台和开敞式阳台;从形态上看,封闭式的阳台和墙面形成相对完整的界面,整体性较好;而开敞式阳台则呈现线状或点状分布在墙面上,形式较为生动活泼(图 4-16),在设计中往往需要根据建筑的形态特征确定不同的形式或者将两者组合使用。由于封闭式阳台通过开闭窗户,可以适应不同天气条件下的使用,而开敞性阳台则受气候影响较大,因而在居住建筑交付使用后,居民往往会将开敞式阳台自行封闭,与设计的初衷相背离。因此,在设计阶段应考虑这一因素,在虚实上要控制好实体部分和通透部分的比例,尽可能减少因住户自行封闭而产生的对建筑整体形态的破坏作用。

图 4-16　附于墙面点缀式的凸阳台

从阳台和墙面的关系分，阳台可分为凸阳台、凹阳台和半凸半凹阳台。凸阳台视野较好，凹阳台私密性较好，从形态的角度出发，则要注意不同的阳台类型对建筑整体形态的影响。

阳台部分既可以用和墙面统一的材料与色彩，也可特意加以区分，这取决于设计的意图。

此外，按照我国规范的规定，两个自然层以上高度的阳台算作露台而不计建筑面积，当前一些住宅利用了该规范规定而设计出相当多该类型的阳台，对丰富居住建筑的外部形态起到了较大的作用。

窗户可分为平窗和凸窗，前者安装基准面为墙体，后者外凸于墙体。凸窗亦称飘窗，最初起源于解决紧凑型小套型的舒适性问题，通过外挑窗台以扩大室内空间和视野，现在已得到广泛应用，转角部分的凸窗能将其特点发挥至最大化。

图 4-17　凸窗的外部形态

窗户部分的形态设计除了平凸的选择外，还需结合功能确定尺寸和位置。窗户由固定部分和开启部分构成，在开启的方式上分为平开式和推拉式，前者对材料性能要求较高，但密闭性较好，开启部分效率高，窗框划分形式相对多样，已逐渐成为居住建筑主流的开启方式。部分住宅的窗户采用落地式窗户以形成更好的视野(图 4-18)，但在设计时应注意考虑节能问题。

图 4-18　落地式窗户

窗户常常结合空调室外机位统一处理立面，窗户和空调室外机位的关系有上下式和左右式两种，上下式关系可以保证开窗宽度不受影响，但室外走管可能对外立面形成一定影响，且空调机位的高度较小，窗户和室外机位置的百叶窗上下间隔布置；左右式会占用部分窗户面宽，但空调机上下高度自由，可实现多机布置，且垂直向的百叶窗可形成连续的立面元素。

（四）顶部

与大多数建筑相类似，居住建筑的顶部是建筑的符号性语言，特定的屋顶形式往往成为居住建筑的个性化特征，如图 4-19 所示。屋顶也是建筑天际线构成中的重要部位。

居住建筑的顶部可分为平屋顶、坡屋顶和平坡结合三种。平屋顶常见于简洁的现代风格住宅和高层住宅，坡屋顶更多地应用于风情类住宅、低多层公寓和独立式住宅中。

图 4-19　简洁的现代风格住宅顶部

坡屋顶可分为单坡、双坡、四坡和曲坡等类型。各种风格的坡顶形式、用材用色、坡度、屋脊檐口细部和附加元素差异较大，塑造出的风格也大相径庭。因此，在坡顶设计前要熟悉和了解各个风格类型的特征才能正确运用该形式语言。如地中海风格坡顶主要由双坡顶构成，覆以红色陶瓦，坡度相对较为平缓，脊部和檐口都有特定构件形成的细部，顶部坡顶的方向各异，布局升起突出，高度错落有致，建筑顶部除坡顶外，还应结合露台和构架，形成风味浓郁的居住建筑形态。而英式、法式风格的坡顶则相对厚重，坡度较陡，并附加各种样式的老虎窗以充分利用高耸的屋架内部空间，另外常附加传统民居中的烟囱作为形态构成要素。

图 4-20 相对平缓的坡顶

第五章 住宅建筑的结构设计与常用材料

住宅建筑是人类发展历史中的智慧结晶，不同地区的建筑类型都是基于当地的气候、环境、地形、纬度等多个方面进行的。所以，住宅建筑的设计需要根据当时当地的情况来进行。本章将对住宅建筑的分类设计展开论述。

第一节 住宅建筑的结构选型

一、砖混结构

砖混结构主要是指建筑物中竖向承重结构的墙、柱等采用砖或其他砌块砌筑而成，横向承重的梁、楼板、屋面板等采用的是钢筋混凝土结构构建而成。砖混结构其实就是以小部分的钢筋混凝土和大部分砖墙承重的结构类型。

（一）砖的种类

根据砖的组成成分以及生产工艺的不同，可以把砖分为烧结砖与非烧结砖。目前我国用于砌体结构的烧结砖主要有烧结普通砖、烧结多孔砖、烧结空心砖。而非烧结砖的类型也比较多，主要包括蒸压灰砂砖、蒸压粉煤灰砖等。随着墙体改革的不断深入，当前烧结普通砖的应用范围在逐渐缩小。

烧结多孔砖主要是由黏土、煤矸石、页岩等为原料，经焙烧而成的，孔洞率大于15%，砖孔的尺寸较小，但是数量很多，强度也比较高，主要用在承重部位，简称多孔砖。使用这种砖时，洞应该垂直于受压面。多孔砖分为 P 形与 M 形两类。其规格尺寸分别是 240mm×115mm×90mm 和 190mm×190mm×90mm(图 5-1)。建筑中使用多孔砖，能够减轻结构的自重，节省砌筑砂浆，并减少砌筑的工时。

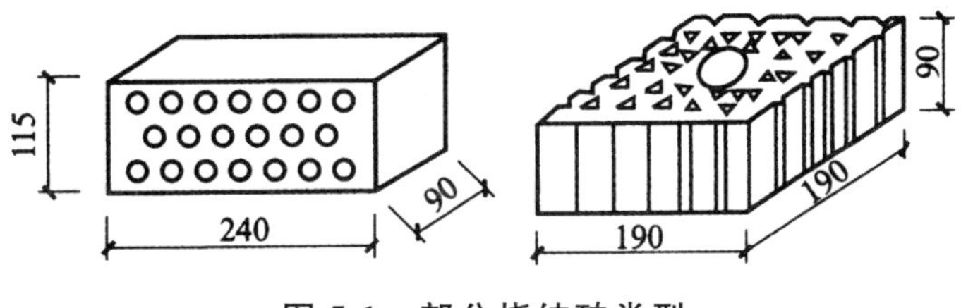

图 5-1　部分烧结砖类型

烧结空心砖的主要原料如果是黏土、煤矸石、页岩等，经焙烧而成孔洞率大于 35%，而且孔洞比较大，则属于非承重空心砖(图 5-2)。

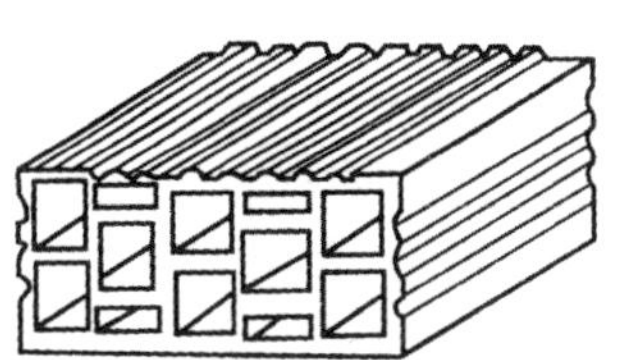

图 5-2　非承重空心砖

蒸压灰砂砖的主要原料是石灰与砂，经坯料制备、压制成型、蒸压养护而形成实心砖，俗称灰砂砖。

蒸压粉煤灰砖的主要原料是粉煤灰、石灰，掺入了适量的石膏与骨料，经坯料制备、压制成型、高压或常压蒸汽养护而成的实心砖，简称粉煤灰砖。

(二)砖的选用

砖选用时其品种、强度等级一定要符合设计的要求，而且外观要求无裂纹、翘曲、掉角及断裂等情况。用作清水墙、柱表面的砖边角应相对整齐，色泽要均匀。

强度是块体力学性能的基本标准，用符号 MU 表示，其后数字表示块体的强度大，小单位是 MPa。实心砖的强度等级是按照标准试验的方法而得到的砖的极限抗压强度值来划分的。多孔砖的强度等级划分除了要考虑抗压的强度之外，还应该考虑抗折荷重。

烧结普通砖、烧结多孔砖的强度等级为 MU30、MU25、MU20、MU15、MU10；烧结空心砖按抗压强度可以分为 MU5、MU3、MU2；蒸压灰砂砖、蒸压粉煤灰砖的抗压强度等级可以分为 MU25、MU20、MU15、MU10。

(三)砖混砌体的类型

1. 无筋砖砌体

无筋砌体是只由块材与砂浆砌成的砌体，按照块材的种类可以分为无筋砖砌体、无筋砌块砌体以及无筋石砌体三类。

(1)无筋砖砌体

在房屋建筑中，砖砌体往往用于外墙、内墙、柱、基础等承重结构和围护墙、隔墙等一些非承重结构中。承重结构通常都是实心砌体，往往会采用一顺一丁、梅花丁、三顺一丁等砌筑方式(图 5-3)。墙体的厚度主要是依据强度与稳定性的要求来确定的。对于实砌标准砖而言，墙的厚度能够分为 240mm(一砖)、370mm(一砖半)、490mm(两砖)、620mm(两砖半)、740mm(三砖)等。在特殊的情况下，还可以侧砌成 180mm、330mm、420mm 等厚度。

(2)无筋砌块砌体

砌块砌体主要用于住宅、办公楼以及学校等建筑与一般的工业建筑承重墙或围护墙的建造。排列砌块是设计工作的一个关键环节，不但排列要有一定的规律，而且应排列整齐，尽量减少通缝，并砌筑牢固。砌块砌体应分皮错缝搭砌，小型砌块上、下皮搭砌的长度不得小于 90mm。

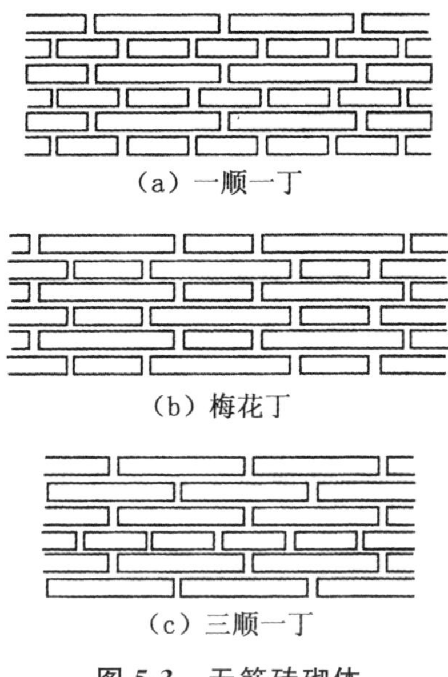

(a) 一顺一丁

(b) 梅花丁

(c) 三顺一丁

图 5-3　无筋砖砌体

(3)无筋石砌体

石砌体主要是由石材与砂浆或石材与混凝土经过砌筑而成的一种整体性结构，通常分成料石砌体、毛石砌体以及毛石混凝土砌体。石砌体的优点是可以就地取材、经济效益高等，在产石区应用十分广泛。其中，料石砌体不但可以用在一般的民用房屋砌成承重墙体、柱子与基础中，还可以用在石拱桥、石坝、渡槽以及储液池等构筑物中。

2. 配筋砌体

配筋砌体的主要目的是提高砌体的抗压、抗弯、抗剪承载力，提高砌体的整体性，改善砌体的变形能力，所以，在砌体中会配置一定数量的钢筋。配筋砌体主要可以分为三种类型：横向、纵向配筋砌体与组合砌体。

(1)横向配筋砌体是在砌体的水平灰缝内设置钢筋网片的砌体，如图 5-4。主要用作轴心受压或小偏心受压的墙体和柱子。

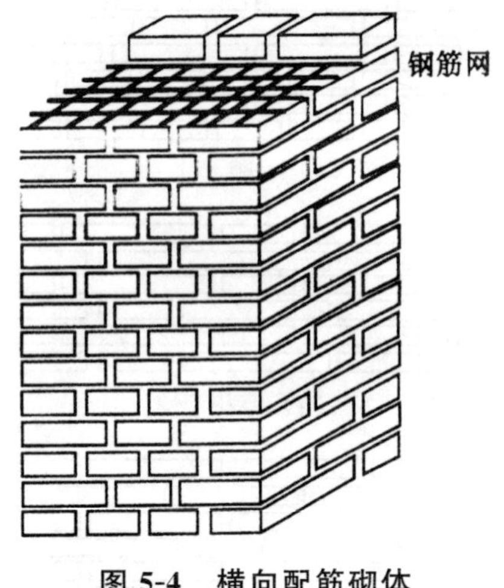

图 5-4　横向配筋砌体

(2)纵向配筋砌体是在砌体的纵向灰缝或砌块的孔洞内设置一定数量纵向钢筋的砌体,如图 5-5 所示。

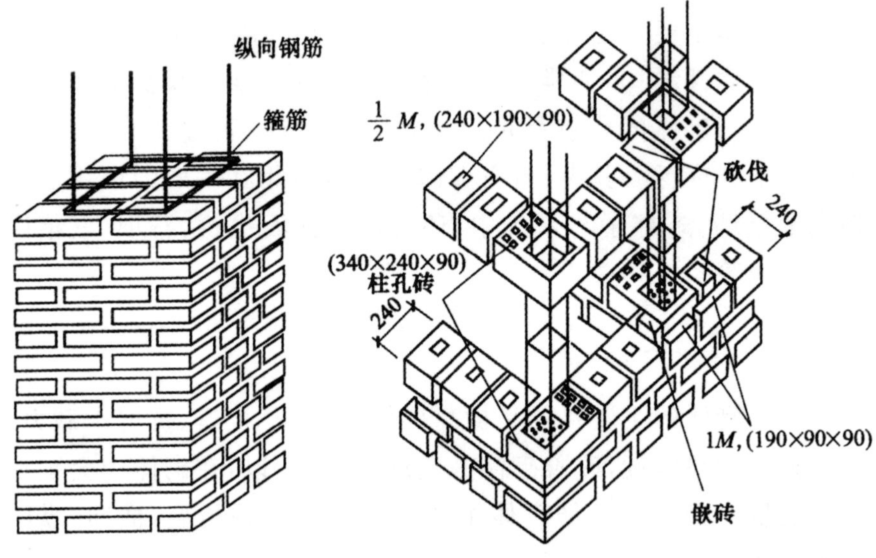

图 5-5　纵向配筋砌体

(3)组合砌体是由砖砌体和钢筋混凝土或钢筋砂浆构成的砌体,如图 5-6 所示。这种砌体主要用于偏心距较大的受压墙体或柱子。

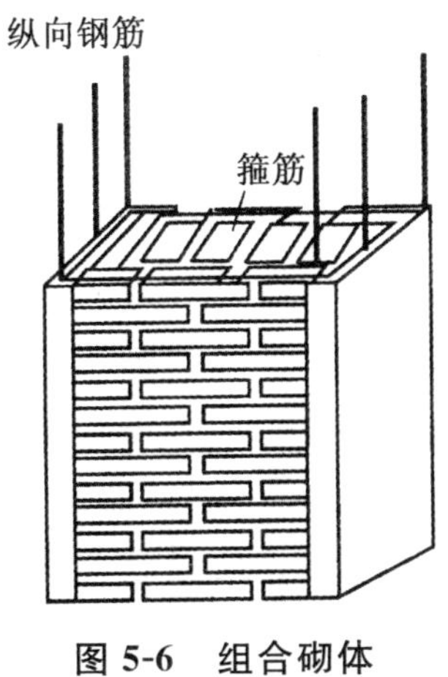

图 5-6　组合砌体

(四)钢材在住宅中的使用

钢材的选用原则是要确保建筑结构安全可靠,用材经济合理。还要根据结构或者是构件的重要性、荷载性质、连接方法、钢板厚度、工作环境等多种因素进行综合考虑,选用一种合适的钢材牌号与材性,防止在某些条件下发生脆性破坏。

一般来说,受拉构件的材性要求要比受压构件的高,焊接结构的材性要求要比非焊接结构的高。钢结构规范对建筑钢结构的选材作了下列的规定。

(1)承重结构的钢材应该采用 Q235 钢、Q345 钢、Q390 钢以及 Q420 钢。对焊接结构还应具有碳含量的合格保证。

(2)焊接承重结构及重要的非焊接承重结构所用的钢材应该具有冷弯试验的合格保证。

(3)对于那些要验算疲劳的焊接结构的钢材、直接承受动力荷载的结构,还应该按照其工作制的级别、荷载的大小以及所处的温度,要具有常温冲击韧性的合格保证。

(4)钢材的焊接结构、直接的承受动力荷载或者是一些振动荷载而且需要验算疲劳的结构、工作的温度等于或者低于−30℃的所有承重结构等,不能采用 Q235 沸腾钢。

(五)装配式结构

装配式结构是一个现代专有名词,指装配式的混凝土结构简称,主要是以预制构件作为主要的受力构件,经装配、连接而成的混凝土结构,其中比较典型的是装配式楼盖。

装配式楼盖是由预制板与预制梁组成的,广泛地应用在多层工业与民用房屋中。采用装配式楼盖设计,对房屋建筑的标准化以及构件生产的工厂化都极为有利,能够加快房屋的施工建设速度,提高工程的质量,极大地节约材料与劳动力,降低造价。但是由于装配式结构的构件大多是由若干独立的预制构件组成的,其刚度和整体性都比较差。所以,正确地选择构件的形式,合理地对结构进行布置,合理地处理构件间的连接问题,是装配式建筑设计中的关键问题。

二、框架结构

框架结构对于高层住宅平面布局、户内空间的划分都能表现出较强的灵活性,特别是对于底层是商场、上层是住宅的商住综合性建筑而言,采用框架结构比较容易形成底层大空间构造。但是结构梁柱在室内的暴露会对室内空间的划分造成较大影响,所以应该精心处理,才能取得良好的效果。因为框架结构的承受水平荷载能力不太高,所以不能建得过高,往往比较适合于 15 层以下的住宅建筑,尤其是用于高层商住楼中。

由于常规框架柱的截面尺寸通常要大于墙厚,所以其凸出的部分对于室内的空间(尤其是小房间)与家具的布置会造成较大的影响。所以,常常会采用截面宽度和墙厚相等的 T 形、L 形的异形柱,让室内的空间变得更加完整、美观(图 5-7)。

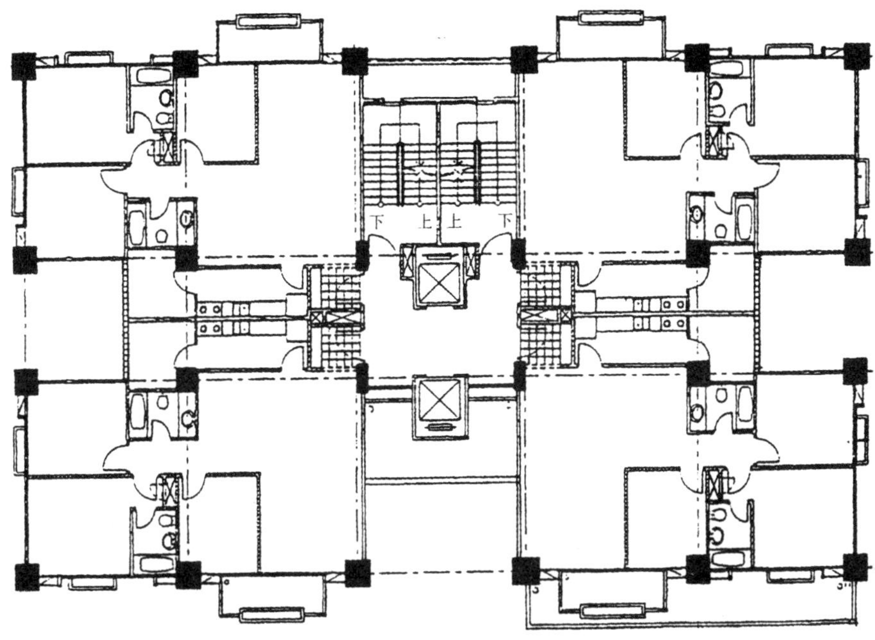

图 5-7　高层住宅建筑的框架体系

三、框剪结构

在框架结构中布置一定数量的剪力墙，能够组成框架—剪力墙的结构形式。这种结构不但具有框架结构布置灵活、使用方便的特点，同时还有较大的刚度与极强的抗震能力，在国内一些高层商住楼中得到比较广泛的使用(图 5-8)。住宅部分的剪力墙通过结构转换层把底部转换成框架结构，形成了框—支剪力墙，适用的建筑层数是 15～30 层。

四、剪力墙

剪力墙结构是由钢筋混凝土墙体承受所有的水平与竖向的荷载，同时还兼作分间墙。剪力墙沿着横向、纵向作正交布置，或者沿着多轴线斜交进行布置。由于剪力墙结构体系的承重墙和分间墙是合二为一的，采用的是小开间，能够极大地约束住宅平面布置的灵活性，所以能够把开间扩大为 6～9m，最大限度地利用纵横方向的剪力墙作分户墙，以免在墙上开洞；在户内使用轻质隔墙，以便能够满足住户灵活分隔空间、增强适应性的需求(图 5-9)。

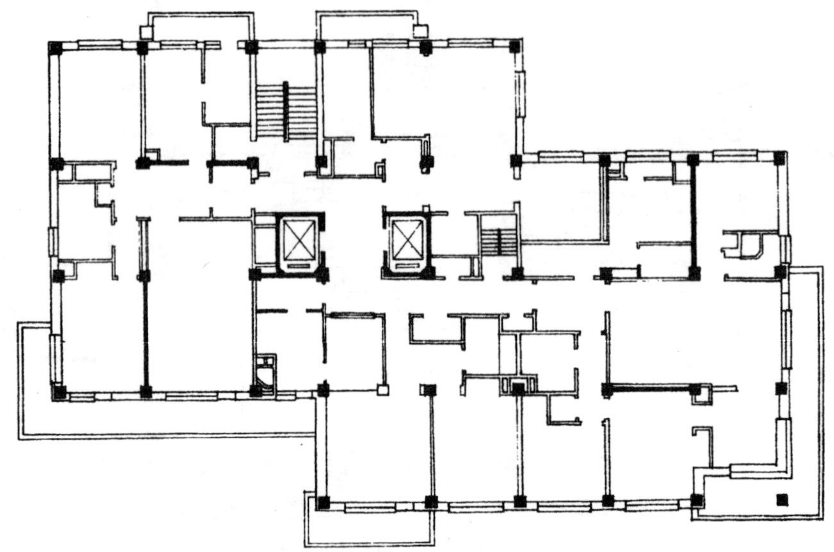

图 5-8　高层住宅框剪结构示意图

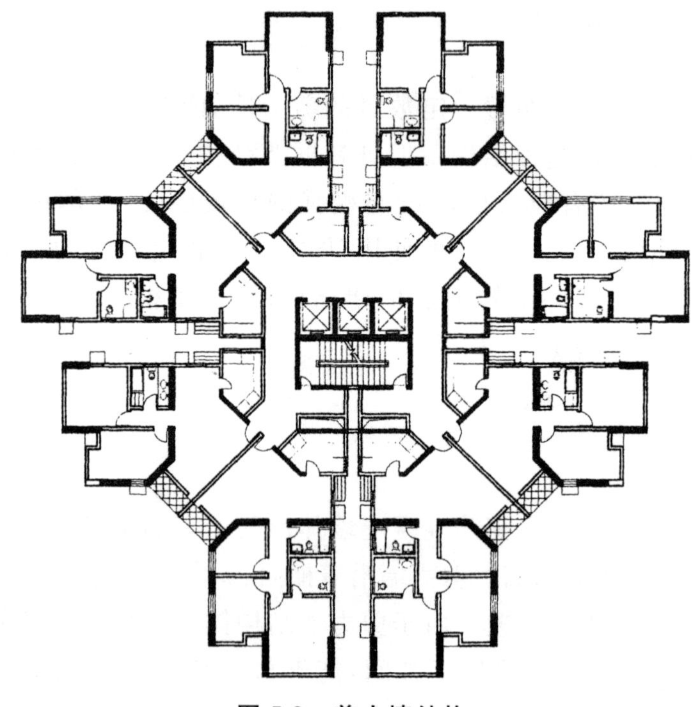

图 5-9　剪力墙结构

剪力墙能够现场浇制钢筋混凝土墙板，也能够在工厂中预制大壁板，之后再在施工现场装配。现在，国外将剪力墙体系中的承重结构与外围护结构做了分工，把几种不同的施工方式综合起来使用，预制一些具有保温、隔热性能的外墙板，现浇或预制的内承重墙体系以轻骨料或抽心方法，使之自重减轻而强度增高。由于剪力墙的结构体系刚度比较大，空间的整体性较好，所以能够用在高达 30～40 层的高层住宅建筑中。

五、钢结构

（一）钢结构基本构件

钢结构构件主要有轴心受力构件、受弯构件和拉弯、压弯构件。

在钢结构中，屋架、托架、塔架与网架等各种类型的平面或空间桁架及支撑系统，一般都是由轴心受拉与轴心受压构件组成的，统称为轴心受力构件。而在多层或高层房屋钢结构中的楼（屋）盖梁、檩条、工作平台梁、吊车梁等是受弯构件，也把它们叫作梁。钢结构中也常常会采用拉弯、压弯构件，特别是压弯构件的应用更加广泛，如单层厂房中的柱、多层或高层房屋的框架柱、承受不对称荷载的工作平台柱、支架柱等。

（二）钢结构的应用类型

多层钢结构房屋由多个部分组成，主要包括柱、梁、楼盖结构、支撑结构、墙板或墙架结构等。其房屋的结构类型主要可分为：柱—支撑体系、纯框架体系、高层钢结构体系。

1. 柱—支撑体系

这种体系的梁柱节点为铰接，空间刚度及和抗侧承载力都由支撑来提供（图 5-10）。其最显著的特点为设计、制作较为简单，侧向刚度比较大，适用于柱距不大、允许双向设置的支撑性建筑物中。

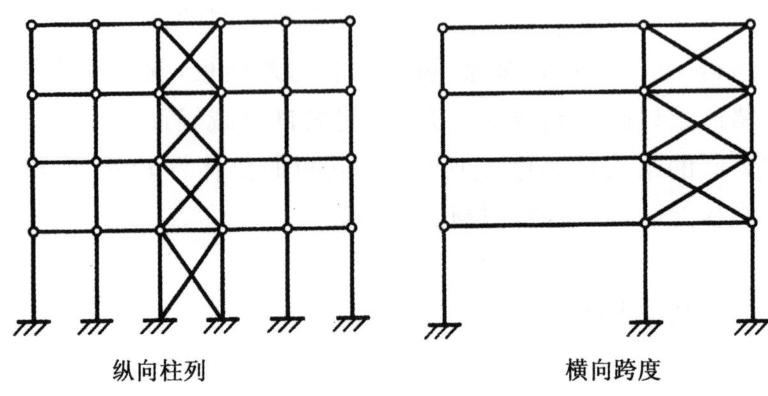

图 5-10　柱—支撑体系

2. 纯框架体系

在纵横两个方向都是多层钢接框架，承载力和空间的刚度都由钢接框架来提供(图 5-11)。其主要特点为节点构造十分复杂，适用于柱距比较大，同时又无法设置支撑的建筑物中。

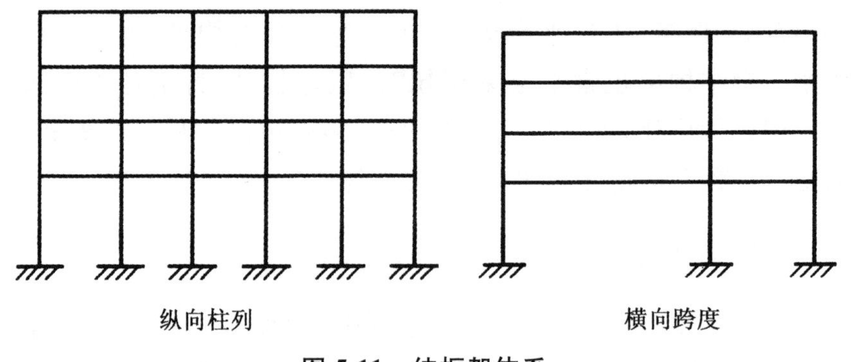

图 5-11　纯框架体系

3. 高层钢结构

高层钢结构体系主要包括框架结构体系、框架—剪力墙结构体系、巨型桁架结构体系等。其中，框架结构体系主要是由梁、柱通过节点的刚性构造，连接而成的多个平面刚接框架组成的建筑结构体系。框架钢结构是一种比较常见的钢结构形式，钢结构框架住宅体系在近些年来越来越受到重视。框架—剪力墙、筒中筒等结构体系可以承受在水平荷载作用下更大的水平剪力，具有强度较高，塑性、韧性较好，抗震性能较优的特点，所以在高层建筑特别是超高层建筑中得到越来越广泛地应用。

六、工业化施工及设计

(一)工业化设计方法

1. 模数网格法

这种设计是基于几何学的一种方法，用一种尺寸线布置出空间网格，网格中的网眼宽度也就是模数。绘出扩大模数的平面网格，在网格上作方案。网格线一方面要把主体结构、装修和设备的网格分开，另一方面还要让它们互相一致。通常采用两种模数网格，一种为主体结构网格，或叫作轴线网格；另一种网格可叫作轮廓网格。模数网格尺寸，主要是按照构件的尺寸系列以及间面积决定的(图 5-12)。

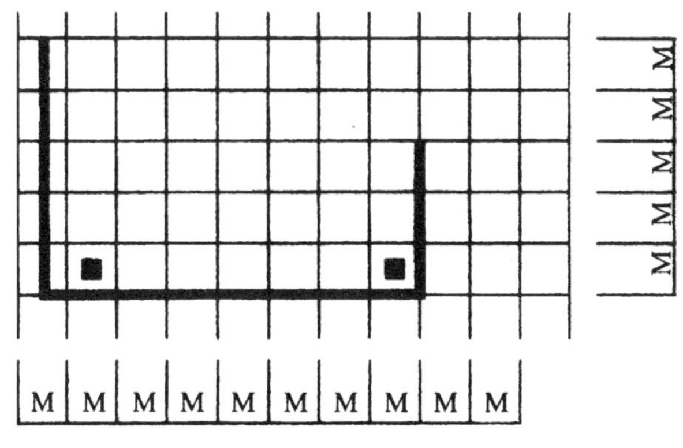

图 5-12 模数网格法

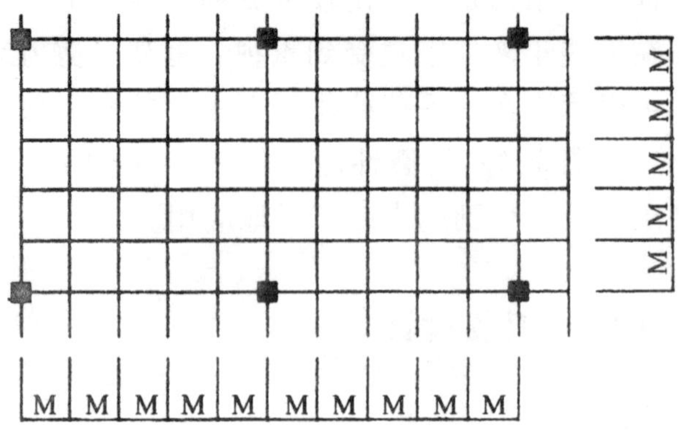

图 5-12(续)　模数网格法

2. 基本块组合法

首先选定建筑平面参数，把选定的几种开间×进深面积，即是四面墙间或者四柱间的面积定作“基本块”。设计出居室与辅助房间等多种基本块，用基本块组合成套型，然后再用公共交通部分把各个套型组合为各种体型的房屋。

(1)建筑参数选择

建筑参数的选择需要考虑以下多种因素。

• 按照国家标准化统一模数制的规定，开间、进深采用扩大模数的倍数，一层高采用基本模数 100mm 的倍数。

• 适合于国家规定的面积建筑标准。

• 满足房屋功能的使用要求。

• 考虑各参数之间尺寸的灵活性组合。

• 以住宅为主，最大限度地考虑其他大量建造的建筑，如旅馆、医院等通用的可能性。

• 考虑技术经济的效果。对于大小开间、大小柱网的不同参数方案，要有结构计算，还应该考虑用地的经济性。

• 按照当地的制造、加工、运输与吊装等具体的条件，充分地利用已有的加工厂与设备。

(2)基本块的设计

用一定的开间与进深参数来设计基本块时，需要满足大、中、小居室的面积与布置家具的需求，尽可能地统一厨房卫生间的尺寸与做法，确定楼梯、过厅的做法与尺寸。每一个基本块都可以是一个房间或者再分成若干个空间。

(3)单元和组合体

同种类的基本块，能够组成多种单元与组合体，满足不同的套型需求，由于基本块可以组成多种单元与组合体，其开间与进深的参数比较少，同时构件的种类与数量也比较少，便于工业化施工。

3. 模数构件法

运用模数构件法来设计，需要以比较发达的建筑业市场作为基础，在设计时能够直接考虑模数构件的规格尺寸。在有些国家，有很多专业化的建筑构配件与建筑制品厂商，他们的产品都是根据一定的模数尺寸生产的。设计人能够去查阅产品的目录，选用这些模数构件来设计，而不必再经过模数网格的设计。如日本东急预制装配方案(图 5-13)为日本举办的一次住宅设计竞赛的中选试建方案。

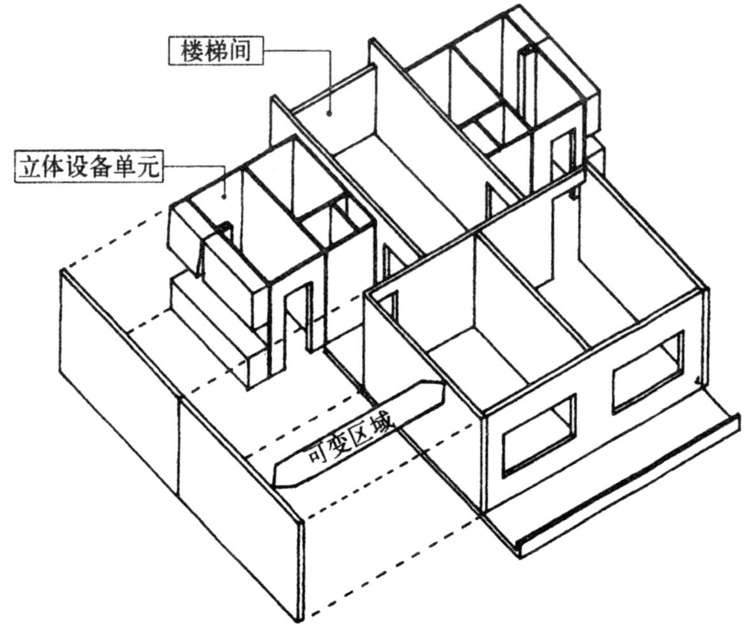

图 5-13　日本东急预制装配方案

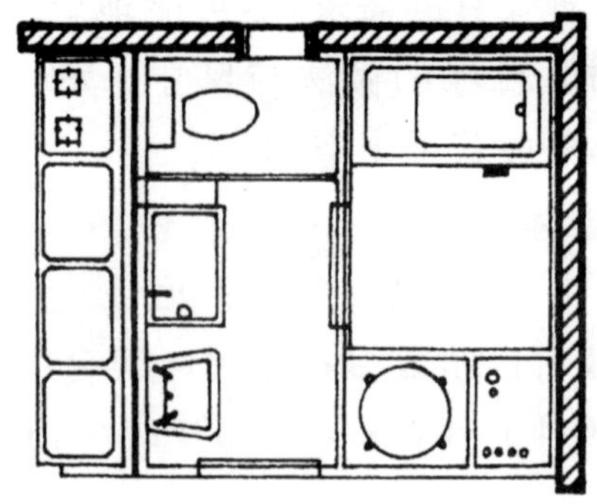

图 5-13(续) 日本东急预制装配方案

4. 多样化

(1)套型多样化

在进行住宅设计时,通常都是由多个标准的单元组成一个系列,包括多类套型。为了可以在规格较少的前提下增加套型,可以参考下列做法。

首先,利用建筑的特殊部位改变套型。可在房屋的尽端处变化平面,增加套型。通常都是以增加小房间与小套型为主要方式。其次,改变门的位置以变换套型。最后,利用灵活隔断来变化房间的布置。在楼梯间、厨房以及厕所的位置不变的情况下,利用灵活的隔断与灵活的壁柜盒子等,使户内的房间分隔多样化,以此来满足不同的家庭人口组成的需求。

(2)体型多样化

在个体建筑设计中,要考虑建筑体型的多样化,利用少数的几种单元,组合成不同体型的房屋。通常具有下列两种组合方法。

首先,设计若干个有楼、电梯的定型单元,每个单元的长短与所包括的套型都各不相同,但是基本的构件规格却是一样的。其次,以套型为定型单元,之后用交通部分将房屋联系组成各种体型房间。

(3)立面多样化

尽管工业化住宅的体型能够作多种组合的变化,但是由于受构件规格较少的限制，门、窗的布置又大都为匀称一致的形式，变化就比较少。所以，在满足工业化施工工艺要求的基础上，应进行一些必要的艺术加工，在新条件下，利用新材料、新技术，努力创造出一种崭新的现代化的建筑设计风格。

(二)工业化施工

1. 砌块住宅

在过去砖混结构住宅中，水平构件楼盖、屋盖等大致实现了预制吊装工业化，但是墙体仍然还沿用小型普通标准砖，使得劳动强度比较大、效率化程度较低。砌块住宅将小砖改成了大砌块，以机具进行吊装作业，初步走向了现代建筑工业化施工。砌块比砖墙节约用工 33%～50%，并且还能就地取材，充分利用工业废料，不用黏土，具有不破坏农田、生产工艺简单、造价低等多个优点。但是砌块住宅也存在一些局限，如构件小，现场湿作业比较多，抗震性相对较差，工业化程度低等。

2. 装配式壁板住宅

这种类型的住宅是把各种构件都在预制厂中做成大尺度的预制板材，然后再运到工地上施工，用机械化的方法来装配成房屋，一般都简称为大板住宅。构件的尺寸加大，则意味着数量相应地减少，所以，这就能够减少吊装的次数，减少连接的处理，提高工业化施工程度。

大板住宅由于纵墙承重时的刚度较差，而且承重外纵墙立面的处理受到极大限制，所以通常采用的是横墙承重。墙板尺寸往往以房间的开间与层高进行划分，楼板的尺寸往往以房间开间与进深来划分。

由于大板住宅充分发挥了工厂化生产与现场机械化组装的巨大优越性，便于成批与大规模地施工生产，可以进一步改善劳动条件，在通常情况下，工期要比混合结构缩短一半，极大地提高了劳动生产率，加快了房屋建设的速度。大板住宅墙体厚度比砖砌墙体可减薄1/3～1/2，建筑有效使用面积增加5%，结构自重减轻20%～40%。但大板住宅需要较平整的施工场地，故山地不宜采用。大板住宅对施工设备的要求较高，需要大型的机械吊装设备，其建设的造价也相对较高。同时，构件的规格化与建筑多样化也存在着矛盾，并且其隔声、隔热效果与接缝的处理都存在较大的问题，所以，现在已基本上被淘汰了。

3. 大模板住宅

这种住宅是采用定型的大面积模板在现场浇筑混凝土墙体的住宅形式。这种工具式模板采用钢板、胶合板或者塑料等材料作为面层，可以重复使用。在浇筑时，使用工厂制作的钢筋网片，再集中搅拌混凝土，利用混凝土泵或者料斗浇灌，这样就以高度的机械化操作代替了相对繁重的手工劳动作业，将施工现场变成了一个临时的房屋工厂，所需的设备也比较简单，没有了笨重的构件运输，比预制的壁板住宅整体性要好很多，节约了钢材，而且施工也变得比较简单(图5-14)。

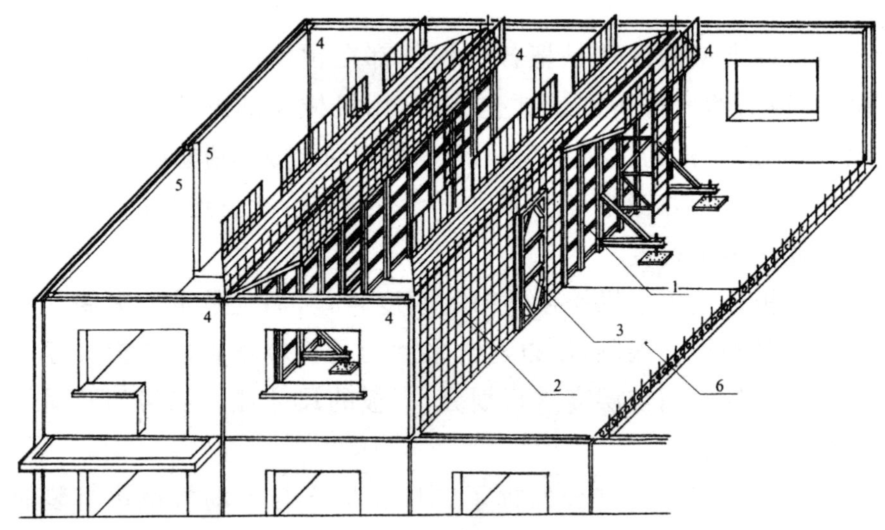

图5-14　大模板住宅建造图

大模板住宅的建筑设计特点基本和大型的壁板一样。不管是结构、平面的布局，还是在多样化和规格化方面，都比较相似。由于大模板住宅的门、窗模板是后来组装于墙体模板中的，所以门、窗的位置比较自由，比大板住宅更加灵活。但是，因为施工的工艺不同，在建筑设计方面也就有了一些特殊的问题要考虑进去，以便能够使建筑工作更完善。

第二节　住宅建筑的常用材料

一、天然石材

天然石材主要是指采自地壳，经人工加工或没有加工的天然岩石所制得的材料。天然石材具有比较高的抗压强度，良好的耐久性以及耐磨性，一些岩石经过加工之后还具有十分独特的装饰效果。所以，自古以来就成为建筑工程中比较重要的结构和装饰材料。

（一）岩石的种类

天然岩石依据其形成的地质条件是否相同，可以分成三种类型，即岩浆岩、沉积岩与变质岩。它们的矿物组成、结构和构造不相同，同时由于性质的差别，使用的范围也会不相同。

1. 变质岩

变质岩是地壳中的岩石由于岩浆活动和构造运动的影响，在高温和高压条件下，矿物再结晶或生成新矿物，使原来岩石的矿物成分及构造发生显著变化而成为一种新的岩石。有些沉积岩形成变质岩后其建筑性能有所提高，建筑工程中常用的大理岩就是由石灰岩和白云岩变质而得到的。

2. 岩浆岩

岩浆岩也叫火成岩，它是由地壳内部的熔融岩浆上升冷却之后形成的。依据岩浆冷却情况的不同，又可以把岩浆岩分成深成岩、喷出岩及火山岩。在建筑中比较常用的是深成岩，包括花岗岩、正长石与闪长石，最常用的喷出岩如玄武岩、辉绿石与安山岩，比较常用的火山岩如火山灰、浮石与火山凝灰岩等。

3. 沉积岩

沉积岩也叫水成岩，它主要是由露在地表外的各种岩石在外力地质的作用下，经过自然风化、风力搬迁、流水冲移等作用后再沉积，在地表以及地表下不太深的地方形成的岩石。建筑中比较常见的沉积岩主要是页岩、砂岩、硅藻土、石膏、白垩等。

（二）石材在建筑中的应用

天然石材在建筑工程中主要是作为一种装饰材料或构筑材料使用。

1. 建筑饰面材料

在建筑工程中，用作饰面的石材大多是板材，按照其基本的属性主要有两大类：花岗石与大理石。

（1）花岗石

天然花岗石是火成岩中分布范围最广泛的岩石，是硬石材的一种，由石英与云母共同构成，其主要成分是二氧化硅，占比例为65％～75％。

花岗石不易发生风化变质，外观的色泽保持也十分持久，大多用在墙基础与外墙饰面中。因为花岗岩的硬度较高、耐磨，所以也常常用在一些高级的建筑装饰工程中，如大厅的地面装饰等。

(2)大理石

天然大理石是一种中硬度的石材，主要是由方解石、石灰石、蛇纹石以及白云石组成，其主要的成分是碳酸钙，占比在50%以上，其他的成分还包括碳酸镁、氧化钙以及二氧化硅等。

天然大理石主要用于建筑物的室内墙面、地面、电梯门脸的装饰等。因为容易受到城市空气中所含的二氧化硫等酸性化合物的腐蚀而形成麻面，所以天然大理石不适合用于室外工程。

2. 构筑用石材

构筑用天然石材按照其加工之后的外形规则程度，能够将其分为毛石与料石。构筑石材主要用于砌筑墙身、踏步、地坪、拱以及纪念碑等；形状复杂的料石制品，主要用在柱头、柱脚、窗台板、栏杆以及其他装饰面等；粒径比较小的石材还能够用作混凝土的骨料。

二、石灰

石灰是一种比较传统的建筑用材料，生产石灰的主要原料是以 $CaCO_3$（碳酸钙）为主要成分的天然石灰岩，把天然石灰岩经800℃～1000℃的高温煅烧之后，就能得到生石灰，其主要成分为 CaO，此外还有少量的 MgO 等杂质。

(一)石灰的品种、组成、特性与用途

依据成品加工方法的不同来分，可以把石灰分为下列几种类型：块状生石灰、磨细生石灰、消石灰粉、石灰浆（也叫石灰膏）。它们的组成与用途如表 5-1 所示。

表 5-1 石灰的品种、组成与用途

品种	块灰（生石灰）	磨细生石灰（生石灰粉）	熟石灰（消石灰）	石灰膏	石灰乳（石灰浆）
组成	氧化钙(CaO)	氧化钙(CaO)	氢氧化钙[$Ca(OH)_2$]	氢氧化钙和水	氢氧化钙和水
用途	用于配制磨细生石灰、熟石灰、石灰膏等	用作硅酸盐建筑制品(砖、瓦、砌块)的原料，并可制作碳化石灰板、砖等制品，还可配制熟石灰、石灰膏等	用于拌制灰土(石灰、黏土)和三合土(石灰、黏土、砂或炉渣)	用于配制石灰砌筑砂浆和抹灰砂浆	用于简易房屋的室内粉刷

(二)石灰的技术指标

根据中国建材行业标准《建筑生石灰》(JC/T479－92)、《建筑生石灰粉》(JC/T480－92)与《建筑消石灰粉》(JC/T481－92)的规定，在建筑中使用的石灰主要技术指标如表 5-2、表 5-3、表 5-4 所示。

表 5-2 建筑生石灰的技术指标(JC/T479－92)

项目	钙质生石灰			镁质生石灰		
	优等品	一等品	合格品	优等品	一等品	合格品
CaO＋MgO 含量(%，不大于)	90	85	80	85	80	75
未消化残渣含量(5mm 圆孔筛余，%，不大于)	5	10	15	5	10	15
CO_2(%，不大于)	5	7	9	6	8	10
产浆量(L/kg，不小于)	2.8	2.3	2.0	2.8	2.3	2.0

表 5-3　建筑生石灰粉的技术要素(JC/T480—92)

项目		钙质生石灰粉			镁质生石灰粉		
		优等品	一等品	合格品	优等品	一等品	合格品
CaO+MgO 含量(%,不大于)		85	80	75	80	75	70
CO_2(%,不大于)		7	9	11	8	10	12
细度	0.90mm 筛筛余(%,不大于)	0.2	0.5	1.5	0.2	0.5	1.5
	0.125mm 筛筛余(%,不大于)	7.0	12.0	18.0	7.0	12.0	18.0

表 5-4　建筑消石灰粉的技术指标(JC/T481—92)

项目		钙质消石灰粉			镁质消石灰粉			白云石消石灰粉		
		优等品	一等品	合格品	优等品	一等品	合格品	优等品	一等品	合格品
CaO+MgO 含量(%,不大于)		70	65	60	65	60	55	65	60	55
游离水(%)		0.4～2	0.4～2	0.4～2	0.4～2	0.4～2	0.4～2	0.4～2	0.4～2	0.4～2
体积安定性		合格	合格		合格	合格		合格	合格	
细度	0.90mm 筛筛余(%,不大于)	0	0	0.5	0	0	0.5	0	0	0.5
	0.125mm 筛筛余(%,不大于)	3	10	15	3	10	15	3	10	15

(三)石灰的贮存与运输

首先,在贮存与运输生石灰时,一定要防止石灰受潮,而且贮存的时间不能过长。主要是由于生石灰会吸收空气中的水分,消化成消石灰粉,之后再进一步和空气中的 CO_2 发生作用,生成碳酸钙,最终会失去胶凝能力。

其次,贮存与运输生石灰时还需要注意安全。生石灰在受潮熟化之后会放出大量的热,而且体积会膨胀 1～2.5 倍,所以要把生石灰和可燃物分开进行保管,以免引起火灾。

三、石膏

(一)石膏的生产和种类

石膏胶凝材料是一种以硫酸钙为主要成分的气硬性胶凝材料。生产石膏的主要原料是含硫酸钙的天然石膏(生石膏)或者是含硫酸钙的化工副产品,也叫二水石膏($CaSO_4 \cdot 2H_2O$)。在不同条件下把二水石膏进行煅烧,能够得到建筑石膏、高强石膏等品种不同的石膏。

建筑石膏的颗粒通常比较细,制品强度也比较低。高强石膏的晶粒比较粗,需要的水量较小,其强度比较高,主要用于室内高级抹灰以及制作石膏板等装饰制品。

因为建筑石膏的性能比较好,原材料也十分丰富,生产制作的工艺也较简单,成本低,所以在现代建筑中得到了十分广泛的应用。

(二)建筑石膏的技术性质

建筑石膏根据其技术要求(强度、细度和凝结时间)可以分为三个等级,即优等品、一等品、合格品,其技术要求如表 5-5 所示。如果其中出现了一项指标不合格,那么就应该对石膏进行重新检验级别或者作报废处理。

表 5-5 建筑石膏的技术指标

技术指标		优等品	一等品	合格品
强度(MPa)	抗折强度≥	2.5	2.1	1.8
	抗压强度≥	4.9	3.9	2.9
细度	0.2mm 方孔筛筛余(%)≤	5.0	10.0	15.0
凝结时间(min)	初凝时间≥	6		
	终凝时间≤	30		

建筑石膏在贮运过程中应注意防潮防水,贮运三个月之后,强度就会下降 30%左右,因此,贮运期通常都应保持在三个月之内。

(三)建筑石膏的性质和应用

建筑石膏与其他胶凝材料相比,具有凝结硬化快,体积微膨胀,制品孔隙率高,强度低,耐水性差,防火性能好,吸湿性好等特性。根据建筑石膏的上述性能特点,它在建筑上的主要用途有:制成石膏抹灰材料、各种墙体材料(如纸面石膏板、石膏空心条板、石膏砌块等)、各种装饰石膏板、石膏浮雕花饰、雕塑制品等。

四、水泥

水泥是一种比较重要的建筑材料,在现代的工业、民用建筑、道路、水利和国防等工程中都有十分广泛的应用。水泥作为重要的胶凝材料可以用于制作混凝土、钢筋混凝土以及预应力混凝土构件,也可以配制成各类砂浆,用于给建筑物砌筑、抹面、装饰等。

(一)水泥的种类

水泥的种类比较多,根据主要水硬性物质的名称可以分成下列几类:硅酸盐水泥、铝酸盐水泥、硫铝酸盐水泥等。根据用途可以分为三大类:通用水泥、专用水泥以及特性水泥。在我国,水泥的产量最大、用途最广泛的一种是硅酸盐水泥。

1. 硅酸盐水泥

硅酸盐水泥主要是由硅酸盐水泥熟料、0%～5%的石灰石或粒化高炉矿渣、适量石膏共同磨细制成的水硬性胶凝材料。硅酸盐水泥主要有两种类型划分,不掺混合材料的类型叫作工型硅酸盐水泥,其代号是 P·Ⅰ;掺杂不超过水泥质量 5%的混合材料叫作Ⅱ型,其代号是 P·Ⅱ。

(1)硅酸盐水泥的生产

硅酸盐水泥主要是石灰质原料与黏土质原料,加入了少量的校正原料,按照一定的比例配合磨细成生料,并把生料煅烧至部分熔融，得到的就是水泥熟料，再和适量的石膏共同磨细得到的就是硅酸盐水泥。石膏掺加量通常是水泥质量的3％～5％。

(2)硅酸盐水泥的凝结硬化

水泥加水拌合后会形成可塑性浆体，随着接下来水化反应的进行，水泥浆体会逐渐变稠，最终失去可塑性，这个过程叫作水泥的凝结。随着水化反应地不断进行，凝结的水泥浆体会逐渐产生强度，并且逐渐发展成一种比较坚硬的水泥石，这个过程叫作水泥的硬化。水泥粉末和水接触，熟料矿物就会开始和水发生反应，生成水化产物并放出热量。

(3)硅酸盐水泥的技术性质

这种水泥的强度等级分为42.5、42.5R、52.5、52.5R、62.5、62.5R。各个等级的强度不一，其要求可参考表5-6。初凝的时间不能早于45min，终凝的时间不得晚于6.5h，其细度是比表面积大于300m^2/kg，体积安定性用沸煮法必须合格。

表5-6 硅酸盐水泥和普通水泥的各等级强度

品种	强度等级	抗压强度		抗折强度	
		3天	28天	3天	28天
硅酸盐水泥	42.5	17.0	42.5	3.5	6.5
	42.5R	22.0	42.5	4.0	6.5
	52.5	23.0	52.5	4.0	7.0
	52.5R	27.0	52.5	5.0	7.0
	62.5	28.0	62.5	5.0	8.0
	62.5R	32.0	62.5	5.5	8.0
普通硅酸盐水泥	32.5	11.0	32.5	2.5	5.5
	32.5R	16.0	32.5	3.5	5.5
	42.5	16.0	42.5	3.5	6.5
	42.5R	21.0	42.5	4.0	6.5
	52.5	22.0	52.5	4.0	7.0
	52.5R	26.0	52.5	5.0	7.0

2. 掺入混合材料的硅酸盐水泥

凡是在硅酸盐水泥的熟料中，掺入了一定量的混合材料与适量石膏共同磨细制成的水硬性胶凝材料，都是掺混合材料的硅酸盐水泥。根据掺加材料的品种与数量的不同，可以把掺混合材料的硅酸盐水泥分成下列几类：普通硅酸盐水泥、矿渣硅酸盐水泥、火山灰质硅酸盐水泥、粉煤灰硅酸盐水泥以及复合硅酸盐水泥。

(1)普通硅酸盐水泥

普通硅酸盐水泥的主要原料是硅酸盐水泥熟料、6%～15%的混合材料、适量的石膏磨细制成的水硬性胶凝材料，简称普通水泥，代号是 P·O。

这种水泥的强度等级可以分为六级，即 32.5、32.5R、42.5、42.5R、52.5 和 52.5R。初凝的时间不应早于 45min，终凝的时间不得晚于 10h。在 0.08mm 方孔筛上的筛余量不能超过 10%，体积安定性用沸煮法检验一定要合格。

(2)矿渣、火山灰质、粉煤灰硅酸盐水泥

矿渣硅酸盐水泥简称为矿渣水泥，代号是 P·S。火山灰质硅酸盐水泥代号是 P·P。粉煤灰硅酸盐水泥简称为粉煤灰水泥，代号是 P·F。

矿渣水泥、火山灰水泥、粉煤灰水泥的强度等级可以分为六个，即 32.5、32.5R、42.5、42.5R、52.5 和 52.5R。上面所说的三种水泥的细度、凝结时间以及体积安定性的要求都和普通水泥一样。

硅酸盐水泥、普通水泥、矿渣水泥、火山灰水泥以及粉煤灰水泥是目前我国建筑工程中使用最广泛、用量最大的品种，所以也叫作五大水泥。这五种水泥的性能如表 5-7 所示。在混凝土结构的建筑中，水泥的选用可参照表 5-8 所示的标准。

表 5-7　五大水泥的关键性能

水泥品种	标准代号	特性	
		优点	缺点
硅酸盐水泥	P·I P·Ⅱ	1. 强度等级高 2. 快硬、早强 3. 抗冻性好、耐磨性和不透水性强	1. 水化热高 2. 抗水性差 3. 耐蚀性差
普通硅酸盐水泥（普通水泥）	P·O	与硅酸盐水泥相比，性能基本相同，仅有如下改变： 1. 抗冻、耐磨性稍有下降 2. 早期强度增进率略有减少 3. 抗硫酸盐侵蚀能力有所增强	
矿渣硅酸盐水泥（矿渣水泥）	P·S	1. 水化热低 2. 抗硫酸盐侵蚀性好 3. 蒸汽养护有较好效果 4. 耐热性较好	1. 早期强度低、后期强度增进率大 2. 保水性差 3. 抗冻性差
火山灰质硅酸盐水泥（火山灰水泥）	P·P	1. 保水性好 2. 水化热低 3. 抗硫酸盐侵蚀性好	1. 需水性、干缩性大 2. 早期强度低、后期强度增进率大 3. 抗冻性差
粉煤灰硅酸盐水泥（粉煤灰水泥）	P·F	1. 水化热低 2. 抗硫酸盐侵蚀性好 3. 能改善砂浆和混凝土的和易性	1. 早期强度低，后期强度增进率大 2. 抗冻性差

表 5-8　建筑对水泥的选用标准

混凝土工程特点或所处环境条件		优先选用	可以使用	不得使用
环境条件	在普通环境中的混凝土	普通水泥	矿渣水泥 火山灰水泥 粉煤灰水泥	
	在干燥环境中混凝土	普通水泥	矿渣水泥	火山灰水泥粉煤灰水泥
	在高湿度环境中或永远处在水中的混凝土	矿渣水泥	普通水泥 火山灰水泥 粉煤灰水泥	

续表

混凝土工程特点或所处环境条件		优先选用	可以使用	不得使用
环境条件	严寒地区的露天混凝土、寒冷地区处于水位升降范围内的混凝土	普通水泥（等级≥32.5）	矿渣水泥（等级≥32.5）	火山灰水泥粉煤灰水泥
	严寒地区处在水位升降范围内的混凝土	普通水泥（等级≥42.5）		火山灰水泥 粉煤灰水泥 矿渣水泥
	受侵蚀性环境水或侵蚀性气体作用的混凝土	根据侵蚀性介质的种类、浓度等具体条件按专门（或设计）规定选用		
工程特点	厚大体积的混凝土	粉煤灰水泥 矿渣水泥	普通水泥 火山灰水泥	硅酸盐水泥 快硬硅酸盐水泥
	要求快硬的混凝土	快硬硅酸盐水泥硅酸盐水泥	普通水泥	火山灰水泥 粉煤灰水泥 矿渣水泥
	高强混凝土	硅酸盐水泥	普通水泥 矿渣水泥	火山灰水泥 粉煤灰水泥
	有抗渗性要求的混凝土有耐磨性要求的混凝土	普通水泥 火山灰水泥		不宜使用矿渣水泥
		硅酸盐水泥普通硅酸盐水泥（等级≥32.5）	矿渣水泥（等级≥32.5）	火山灰水泥粉煤灰水泥

（二）水泥的贮运

在水泥的贮运过程中，需要注意防潮，不得混入杂质。不同的品种、等级、出厂日期的水泥，都应该进行分别存放，标志要清晰，不能混杂。散装的水泥要进行分别存放，袋装的水泥堆放的高度通常不要多于 10 袋。水泥的存放期通常不超过三个月，而如果超过了六个月的话，一定要在使用之前经过试验合格后才能使用。

五、木材

在现代建筑中，木材仍然是一种比较重要的建筑材料，它可以用来做门窗、梁、地板、桁架、柱等。

木材主要可以分成两大类：针叶树与阔叶树。其中，针叶树的树干通直高大，是易得的木材，其材质比较软，方便加工，所以也叫软木材。软木材的表观密度与胀缩变形都比较小，强度比较高，耐腐蚀性较强，在房屋建筑中常常用来做承重构件与装修的材料。其代表性的树种有红松、杉木、白松等。

阔叶树的树干通直部分比较短，材质相对较硬，所以又叫作硬木材。阔叶树的木纹十分美丽，适合做室内装修与胶合板的材料等。主要的树种如杨榆、桦木等。

（一）木材的物理性质

木材的物理性质对木材加工处理和利用都有很重要的实际意义。

1. 木材含水率

木材的含水率是指木材所含水的质量占木材干燥质量的百分数。木材中所含的水分不同，对木材的性质产生的影响也是不一样的。

木材中包含的水分是由自由水、细胞壁内的吸附水，及构成细胞化学成分的化合水三个部分共同组成。自由水与化合水对木材的性能影响不太大，但是吸附水则是影响木材性质的关键因素。

2. 木材的湿胀与干缩变形

木材具有十分明显的湿胀和干缩性。当木材的含水率在纤维饱和点以上时，含水率的变化则不会引起木材的湿胀或干缩；而一旦含水率降到纤维饱和点以下时，含水率的变化就会导致木材发生湿胀或干缩。此外，因为木材是非匀质构造，其胀缩变形各向也就会不同，所以，胀缩会让木材产生裂缝或翘曲变形，从而会影响对它们的使用。为了尽可能地避免这种不利的影响，在木材加工制作之前应该预先把木材做干燥处理。

3. 木材的密度、表观密度

木材的平均密度大约是 1.55g/cm^3。表观密度的大小和木材的种类以及含水率存在密切关系，木材含水率越大，其表观的密度也就越大，确定木材的表观密度时，要在其含水率是 15%时的标准含水率前提下进行。常用木材的气干表观密度平均是 500k/m^3。

4. 木材导热系数

木材的导热系数和木材表观密度成正比，即表观密度越大，导热系数也就越大。需要说明的是，导热系数也随木材含水率的变化而变化，含水率增加，导热系数会增大，通常气干状态的木材，在室温（15℃～30℃）条件下，木材的导热系数通常位于 0.088～0.180W/(m·K)的范围内。

(二)木材的防腐和利用

1. 木材防腐

木材腐朽主要是由真菌的寄生而引起的，木材防腐就是要消灭真菌的生存与繁殖所需要的环境。比较常见的防腐措施有下列几种。

首先，预先把木材干燥到含水率 20%以下，对结构物采取通风、防潮、表面涂刷油漆等多种措施，保证木材时常处在气干状态。其次，还可采用化学防腐剂毒化木材，以便能够达到防止木材腐蚀的目的。

2. 木材的综合利用

我国森林资源相对匮乏,所以对木材的综合利用比较重要。木材的综合利用途径是为了能够充分利用小规格材与碎材、废料,生产出各种人造板材。

人造板材的种类比较多,建筑工程中比较常见的是胶合板、木丝板、木屑板等。

六、建筑用塑料

塑料的主要成分是合成树脂,同时还加入了各种添加剂,再经过一定的温度、压力塑制成型的有机合成材料。这种材料在一定的温度、压力下具有很好的流动性,可以塑制各种塑料制品,而在常温常压下则可以保持其形状。

目前在建筑业中用量最大的塑料就是聚氯乙烯,大约占建筑塑料总量的40%,其次则是聚乙烯、聚丙烯、酚醛塑料等。塑料可以用于装修材料加工成塑料门窗、楼梯扶手等;也可以作为装饰材料使用,如塑料地板、涂料等;有时还会作为防水材料、卫生洁具等使用。

(一)塑料的类型

根据塑料的组成成分不同,可以把塑料分成单组分塑料与多组分塑料。单组分塑料是只含有塑料中不可缺少的合成树脂,但是在大多数的塑料里,除了合成树脂外,还含有各种各样的填充料与添加剂,这就是多组分塑料。

1. 合成树脂

在塑料中,按照质量来计算的话,合成树脂的占比是40%～100%,对塑料的性质起着决定性的作用,是让塑料可以加工成型的有机胶凝材料。

建筑塑料中常用的热塑性合成树脂主要包括聚乙烯、聚苯乙烯等;热固性合成树脂主要包括环氧树脂、有机硅树脂等多种类型。

2. 添加剂

塑料中的添加剂类型较多,其中主要的有增强材料与填料、润滑剂、色料等。

(二)塑料的性质

塑料的品种多种多样,性能各异,与其他的建筑材料相比,塑料具有下列性质。

(1)表观密度小。建筑塑料的表观密度通常都在 0.9～2.20g/cm^{3}之间,大约是混凝土的 1/3,是钢材的 1/8,能够比较明显地减轻建筑物的自重。

(2)比强度较高。建筑用塑料的比强度和钢材接近甚至会超过钢材。

(3)隔热性和保温性都较好。塑料的导热系数仅仅为金属材料的 1/600～1/200。

(4)耐腐蚀性比较好。对酸、碱、盐等一些腐蚀性介质的作用具有很高的化学稳定性。

除此之外,塑料还具有可塑性好、装饰性好以及电绝缘性良好等多种特性。

但是塑料也不是完美的,其主要的缺点是耐热性较差,温度变化时尺寸的稳定性较差,易老化、易燃等。

第六章　住宅建筑的节能设计

目前，世界各国新型生态住宅方兴未艾，从可持续发展战略的角度出发，发展生态建筑在我国是大势所趋。住宅建设作为国家的支柱产业，应把“生态理念”引入到住宅设计中，用以解决住宅节能和居住区环境保护问题。为此，本章对住宅建筑节能发展目标及生态性内容展开讨论，同时对住宅建筑节能中的可控性、天然采光、太阳能、大空间节能等问题的实施展开论述。

第一节　住宅建筑节能评述

一、新世纪的生态住宅

（一）生态住宅和生态住宅设计的含义

生态住宅是运用生态学原理和遵循生态平衡及可持续发展的原则，即综合系统效率最优原则，设计、组织建筑内外空间中的各种物质因素，使物质、能源在建筑系统内有秩序地循环转换，获得一种高效、低耗、无废料、无污染、生态平衡的建筑环境。这里的环境不仅涉及住宅区的自然环境，也涉及住宅区的人文环境、经济系统和社会环境。

所谓生态住宅设计，是在这种生态原则的指导下，综合运用当代建筑学、建筑技术科学、生态学及其他科学技术的成果，把住宅建造成一个小的生态系统，为居住者提供舒适、健康、环保、高效、美观的居住环境的一种设计实践活动，从而使住宅区生态环境处于良性循环状态之中。

(二)生态住宅的设计原则

1. 生态化原则

生态住宅首先要遵循的是生态化原则，即节约能源、资源，无害化、无污染、可循环。

(1)节约水资源

一方面，居住区内的自来水管道应采用高技术新型材料，以防爆裂，收集处理中水进行花园灌溉，回收雨水及生活废水冲洗厕所，清洁道路、绿化；户内采用节水型马桶、无渗漏水龙头等节水设备。另一方面，节约用水直接减少了污水量，间接节约了污水处理的能源和设备损耗。

(2)开发可再生的新能源

积极开发可再生的新能源，包括太阳能、风能、水能、生物能、地热等无污染新型能源。

①太阳能利用。太阳能在生态住宅中的利用包括两方面：第一，太阳热能应用系统，即太阳热水供应系统；第二，太阳能光电(PV)系统，即将太阳能转换成电能。然而，在生态住宅设计中利用太阳能并非简单地安装一些太阳能电池或太阳能热水器，更多的是和建筑物本身有机地结合起来综合利用太阳能。如设计被动式太阳房，使太阳能利用和建筑物的自然通风有机地结合在一起，使之成为一个优化的能源综合利用系统。

②自然温差利用。地球上冬冷夏热，夜冷昼热，如果能够将夏天的热量转移到冬天，或者将冬天的低温转移到夏天(日夜的情况类似)，如设计夜间通风和地下通风等，就可以不花钱或少花钱解决许多问题。

③地能利用。指对地下和地表可再生能源(主要指储能)的综合利用，即将地热水、地下水、地表水、土壤乃至工业废水废热、

生活废水废热中的低品味冷量和热量用于建筑的空调系统中。目前比较成熟的技术是地下蓄能，深井回灌，如使用水源热泵和地源热泵，既节省能源，又可提高热泵的效率。

④相变材料利用。利用建筑维护结构把白天的热量存起来晚上用，或者是把夜里的冷量存起来白天用，是一个很好的途径。但它存储的量还不够，一种有效的解决方法就是采用相变材料。把建筑结构和相变材料结合起来，可设计出一种低能耗建筑，并能维持建筑物的良好的热环境。

2. 使用新型建材原则

新型建材也称为健康建材、绿色建材、生态建材等，主要包括新型墙体材料、新型防水密封材料、新型保湿隔热材料、装饰装修材料、无机非金属新材料等。和传统建材相比，新型建材不仅可以降低自然资源的消耗和能耗，而且能使大量的工业废物得到合理的开发与利用；新型建材不仅不会对人类的生存环境造成污染，反而有益于人体的健康，有助于改善建筑功能，起到防霉、隔声、隔热、杀菌、调温、调湿、调光、阻燃、除臭、防射线、抗静电、抗震等作用；制造新型建材不仅可以采用不对环境造成污染的生产技术，而且在产品结束使用寿命后，还可以作为再生资源加以利用，不会形成新的废弃物。

目前，我国已开发的绿色建材有壁纸、涂料、地毯、复合地板、管材、玻璃、陶瓷、纤维强化石膏板等。如经过化学处理的防霉壁纸，在空气潮湿或室内外温差较大的情况下不会出现发霉、起泡、滋生霉菌的现象；环保型内外墙乳胶漆，不仅无味无污染，还能散发香味，可以洗涤、复刷等。

3. 环境绿化原则

首先，绿地的规划应纳入住宅小区的整体规划中。先期规划中可以预留集中绿地。若住宅小区的规模较大，也可将集中的绿地面积拆散到各个住宅组团之中。其次，随着生活水平的提高，人们对住宅环境绿化质量的要求也在不断提高。因此，环境绿化不再是简单的种树栽草，而应做到春有花、夏有荫、秋有果、冬有绿；落叶乔木、常青灌木、常绿草坪高低参差、交相辉映，充分满足现代人的审美情趣。

4. 垃圾分类处理原则

住宅小区生活垃圾应分类处理。发达国家早就将生活垃圾进行有机物、无机物、玻璃、金属、塑料等的分类回收、处理。这样能最大限度地减少垃圾对环境的污染，最大限度地将其化害为宝，循环利用。实践证明，住宅小区的生活垃圾如果处理不好，往往会导致居民生活质量的下降与环境污染。所以住宅小区的物业管理应把生活垃圾分类袋装作为一项重要内容，从而体现生态住宅的环境效益。

5. 因地制宜原则

首先，生态住宅非常强调的一点是要因地制宜，绝不能照搬盲从。例如，西方发达国家与我国的住宅模式有很大不同，西方多是独立式小住宅，建筑密度小，分布范围广；而我国则以密集型多层或高层居住小区为主。对于前者而言，充分利用太阳能进行发电、供热水、供暖都较为可行，而对于我国高层居住小区来说，就是将住宅楼所有的外表面都装上太阳能集热板或光电板，也不足以提供该楼所需的能源。

其次，气候的差异使得不同地区的生态设计策略大相径庭。住宅设计应充分结合当地的气候特点及其他地域条件，最大限度地利用自然采光、自然通风、被动式集热和制冷，从而减少因采光、通风、供暖、空调所导致的能耗和污染。如北方寒冷地区的住宅应该在建筑保温材料上多投入，而南方炎热地区则更多的是要考虑遮阳板的方位和角度，即防止太阳辐射和眩光。

6. 整体设计原则

住宅设计应强调“整体设计”思想，必须结合气候、文化、经济等诸多因素进行综合分析、整体设计，切勿盲目照搬所谓的先进生态技术，也不能仅仅着眼于一个局部而不顾整体。例如一提及生态住宅就会联想到仅是多加些保温材料而已，这是典型的以偏概全。热带地区使用保温材料和蓄热墙体就毫无意义。对于寒冷地区，如果窗户的热工性能很差，使用再昂贵的墙体保温材料也不会达到节能的效果（热量通过窗户迅速散失）。在经济拮据的情况下，将有限的保温材料安置在关键部位（而不是均匀分布）会起到事半功倍的效果。而对于有些类型的建筑（如内部发热量大的商场或实验室），没有保温材料反而会更利于节能（利于降低空调能耗）。由此可见，整体设计的优劣将直接影响生态住宅的性能及成本。

（三）生态住宅发展面临的问题

尽管生态技术的发展日新月异，但与办公建筑、商业建筑、国外生态住宅相比，发展仍显得十分缓慢。因为生态住宅所触及的不仅是建筑本身，还有一系列其他社会问题。理想中的生态住宅模式与现实社会还存在较大差距，一系列政策、法规和技术措施还有待完善。

例如在我国，通过改善墙体、门窗的性能，建筑师可以很容易地设计出比原有节能标准（1993 年）节能 30％的住宅。但实际的运作情况是“节能住宅”并不节能。其原因是大部分居住小区的冬季供暖方式、收费标准并没有随之改变，用户对供暖量无法调节，采暖量的多少与其经济利益也毫无关系。在供暖量不变的情况下，良好的保温材料使得居室温度偏高，用户只好通过开窗通风来降低室温。“节约”下来的能量就这样又散失到室外，而小区采暖燃料的供应量则依旧居高不下。

二、建筑节能发展主要目标

我国要全面建设小康社会，2020 年国民经济要翻两番，发展建材墙体材料的指导思想应该是：以科技进步和技术创新为动力，从节约资源、能源、保护环境中求发展；发展循环经济、节约型技术、绿色建材；从高投入、高消耗、高排放、低效率，向高效、低耗、消纳废弃物的增长方式转变。建材产业要与建筑业共建我国的支柱产业。

我国墙体材料发展的预期目标如下。在能源消耗方面，2010年产量增加1000亿块标准砖，煤耗增长2.2%；2020年产量增加1300亿块标准砖，煤耗降低2.6%。在资源消耗方面，2010年产量增加15%，资源消耗增长2.2%；2020年资源消耗稍有下降，烧砖毁地的状况基本改变。在综合利用方面，2010年利用固体废物1.5亿吨，到2020年固体废物的利用量达到2.5亿吨。

墙体材料革新工程的节约效果预期是：到2010年节地17万亩，到2020年节地30万亩；到2010年节能800万吨标准煤，到2020年节能1400万吨标准煤；到2010年固体废物的年消纳量达到1.5亿吨，2020年达到2.5亿吨。

"十一五"期间全国节能工作不平衡，累计节能建筑面积21.46亿平方米，具体包括新建节能50%的建筑13.42亿平方米；既有建筑的节能改造5.54亿平方米，其中住宅建筑4.89亿平方米要完成。因此，要做好几项工作。

①结合我国国情发展复合墙体结构，实现建筑节能的目标。

从现在到2020年，要发展外保温或夹(填)芯复合组合，以达到建筑50%的目标。我国未来墙体材料主打产品应该是节能型墙体复合围护材料。

根据我国温度带及湿度带分布广的特点，整体实现不同温、湿度地区节能型墙体围护材料及围护体系的技术集成；整体实现高隔声复合内墙体系的技术集成；解决保温材料固有的开裂问题和有效提高材料的保温隔热性能；定量进行保温复合墙体的使用寿命预测、评价以及节能墙体缺陷检测和平价方法等。系统研究不同地区适宜的节能保温围护材料组合体系和部品产业化制造技术，构建墙体外墙外保温围护体系，达到建筑节能65%的目标，并开发配套施工技术和应用技术规程，制定相应的技术标准、设计图集，有选择地开展节能建筑示范点工程建设。

②推广孔洞率大于25%烧结空心砖和空心砌块，提高墙体材料的隔热保温性能。

烧结建筑制品有着优良的性能，既有装饰性又具有承重的功能，是我国目前大力推广鼓励发展的新型墙体材料，是未来构筑生态住宅的理想材料。如果把墙体材料的孔洞率由15%提高到25%，年产孔洞率为25%的多孔砖2000亿标砖，可比实心黏土砖节约黏土9500万立方米，节约土地4.76万亩，节煤500万吨，价值15亿元，减轻建筑物自重1.35亿吨。

③发展固体废物综合利用和节能技术。

“十一五”期间，要大力发展固体废物综合利用和节能技术，实现每年利用各种固体废渣2亿吨，节约5000万吨标煤的目标。

南方地区以发展粉煤灰蒸压砖为主，适度考虑蒸养粉煤灰砖；北方地区应发展粉煤灰蒸压砖，限制或禁止生产粉煤灰蒸养砖。粉煤灰掺人量在40%以下的烧结砖，以粉煤灰多孔砖为主，以页岩、陶土、耐火土等为胶结料，可适度发展清水墙装饰砖。

低掺灰量粉煤灰砌块应以发展承重粉煤灰混凝土砌块为主，适度考虑砌块的复合功能（装饰、承重）；高掺量粉煤灰砌块应以发展非承重轻质保温砌块为主；大力发展加气粉煤灰混凝土砌块，适度发展粉煤灰多排孔的蒸养砌块。粉煤灰陶粒作为砌块和板材的粗、细骨料，也是废渣墙材发展的产品之一。

要大力发展粉煤灰轻质隔墙板，发展包括保温隔热墙板、屋面保温板和粉煤灰石膏内墙板，还要发展煤矸石空心砖和烧制砌块等。

④尽快发展高质量轻质内隔墙板和外墙保温复合板，满足节能型框架结构和钢结构体系发展的需求。

适应我国框架结构和钢结构体系发展的需求，尽快发展高质量的轻质内隔墙板和外墙保温复合板，是推进住宅产业化和发展节能建筑的需要，也是提高住宅部件生产效率和施工效率的必然选择。

纸面石膏板、轻钢龙骨、岩棉制品及其他辅助材料组成的轻型墙体可用于非承重的吊顶、内隔墙、贴面墙、外墙内保温等。

实践证明,发展优质板材不仅可提高框架结构和轻钢结构建筑的综合经济效益,而且可以确保工程质量。

第二节 住宅建筑节能分类设计

一、住宅建筑节能设计的可控性

(一)规划节能设计的可控性

住宅建筑规划节能设计应从建设选址、布局、朝向、间距、春冬两季季风主导风向、太阳辐射及建筑外部空间环境构成等方面进行深入研究。

在整体布局方面,要充分结合当地的自然环境因素、气候特征、住宅的功能、居民的行为活动特点等。按照冬季能为居住小区阻挡西北风,而夏季又能让东南风覆盖整个居住小区的要求,尽量封闭居住小区的西北向,合理选择封闭或半封闭周边式布局的开口方向和位置。使得居住小区的组合避风节能,以形成优化微气候的良好界面,建立气候防护单元。

在朝向方面,由于我国大部分地区处于北温带,住宅坐北朝南历来被认为是良好朝向。而在现代住宅节能设计研究中,为精确选择不同地理环境和气候条件下住宅节能的最佳朝向,则需要综合考虑住宅各朝向墙面及居室内可获得的日照时间、日照面积、有利于本地区气温特点的太阳辐射热量、可获得的紫外线量及住宅朝向与主导风向关系等主要因素,并通过对有关数据进行实测统计和分析计算,从而得出当地能满足节能要求的住宅建筑的最佳朝向或适当朝向。根据相关资料分析，我国大多数城市住宅的最佳朝向一般为南略偏东 15°或南略偏西 15°，呈南北向布局，这种布置方式可使每套住宅都兼有南北两个朝向，并把主要居住空间尽可能设在南向。

在外部空间环境方面，不应片面追求容积率，要确保居住小区绿化面积和相应楼宇间的间距，这样一方面可以形成良好的居住条件，使居民获得良好的心情和视觉感受，同时也改善了居住小区住宅的日照、通风条件，更有利于微气候环境的形成，以减少室内热环境质量对设备的过分依赖。也只有这样，才能真正体现出“以人为本”的住宅设计理念。

(二)体型节能设计的可控性

从理论上讲，如果只从减小热耗的角度考虑，除加强围护结构保温外，则应尽量减小其体形系数。按照此理论在某住宅建筑体积保持一定的前提下，只有减小住宅的外表面积才能减小其体形系数。而减小住宅的外表面积只有通过加大住宅进深，减少长宽比才能达到。对于方形住宅而言，根据数学推导可得知正方体的体型系数最小。在进一步的研究中，英国著名学者 L March 应用有效传热系数法(有效传热系数是指综合考虑了结构材料、结构形式、受太阳辐射程度、寒风侵袭等因素影响后的传热系数值)，根据数学推导得出了单位建筑面积耗热最小的体型条件，是建筑各向长度与该向的平均有效传热系数成比例。

最佳节能体型不只是以外表面积为标准，而是以热工特性的比例为准的，但在具体住宅中各面的有效传热系数由于朝向不同而受辐射量不同、开窗面积不同以及构造上的差别等因素影响，其有效传热系数不可能完全一致，因此正方形并不是最佳的节能体型，而是要求平均有效传热系数越大的面，其面积应相对较小，反之，则其面积应相对较大。为了使以上理论在住宅设计具体实践中有可操作性，《民用建筑节能设计标准(采暖居住建筑部分)》(JGJ 26—95)中建议:“建筑物体型系数宜控制在 0.3 以下”。同时还根据节能目标限定了不同地区墙、窗等构件的传热系数和各面窗墙比。因此，严格控制体型系数对节能住宅设计十分重要。

（三）墙体节能设计的可控性

墙体是住宅外围保护结构的主体，我国长期以实心黏土砖为主要墙体材料，这对土地资源和燃煤都是严重的浪费。研究表明，一般240mm厚空心黏土砖墙可达370mm厚实心砖墙保温水平，370mm厚空心黏土砖墙可达490mm厚实心砖墙保温水平。因此，在黏土资源丰富的地区，应注重使用多孔砖，并按节能要求，改进孔型和尺寸。另外，砌块的材料组成及其孔洞设计对墙体的热工性能影响很大，一般240mm厚多排孔砌块的热绝缘系数可超过620mm厚砖墙。因此。在有条件地区应大力推广使用粉煤灰、煤矸石、浮石与陶粒等材料生产的各种混凝土砌块，并用保温砂浆砌成。

随着墙体保温、隔热要求的逐步提高，复合墙体渐渐成为当前墙体的主流。复合墙体一般是用砖或混凝土做承重墙，并与绝热材料复合而构成承重、隔热性能良好的新型墙体。常用绝热材料有岩棉、矿渣棉、玻璃棉、聚苯乙烯泡沫塑料、聚氨酯泡沫塑料、膨胀珍珠岩、膨胀蛭石以及加气混凝土等，而墙体复合做法有以下三种。

1. 内保温型

内保温型将绝热材料固定在承重墙内侧。目前常用的做法有：用纸面石膏板，或用网格布加强的石膏体覆面的聚苯板，或用其他预制保温板直接粘贴在外墙内侧，不需设龙骨，施工操作方便；也可在现场分别粘贴聚苯板及纸面石膏板；还可先贴聚苯板，再用石膏抹面，中间用玻璃纤维加强，形成硬质面层。而对厨房和卫生间墙面，则改用饰面水泥罩面，并用涂塑玻璃纤维网格布增强。这种处理方法具有很好的防水性能，而且技术简单，施工方便。

2. 中间保温型

中间保温型将绝热材料设置在外墙中间。这种做法有利于较好地发挥墙体材料本身对外界环境的防护作用,降低造价。目前常用的做法:在砖砌体或砌块墙体中间留出空气层,在此中间层内填充岩棉板、矿棉板、聚苯板,或者填人散状膨胀珍珠岩、聚苯颗粒、玻璃棉等。这种处理方法可取得良好的保温效果,但必须注意填充密实,以免内部形成空气对流层,同时,还应做好内外墙体间的拉结,以提高住宅的抗震性能。

3. 外保温型

外保温型将绝热材料固定在承重墙外侧。这种做法能避免建筑热桥、避免墙体冬季结露,可以有效保护主体结构,减少温度应力,增加结构寿命,且比内保温型增多使用面积,特别是在住宅节能改造时不致干扰原有住户生活,并使住宅更为美观。与此同时,由于我国居民住宅是以砖混结构为主,结构厚重,热容量大,若采用外墙外保温技术,因其热稳定性良好,而居室冬暖夏凉,居住舒适,有利于改善居民生活质量。目前可以采用的外保温材料有膨胀型聚苯乙烯、挤塑型聚苯乙烯、岩棉、聚氨酯泡沫塑料、玻璃棉等。其固定方法可采用粘贴、粘钉结合或者钉牢,也可在浇灌混凝土外墙时,将保温材料直接放在模板内浇固结合等。

另外,在单一材料墙体内侧,加抹一定厚度的膨胀珍珠岩保温砂浆、硅酸铝或粉刷石膏等,也是一种既经济又简便的节能措施。根据试验分析,30mm 厚的保温砂浆可达到约半砖墙的保温效果,但是这种方法的缺点是很难满足较高的保温要求。

(四)外门窗节能设计的可控性

外门窗是住宅能耗散失的最薄弱部位,其能耗占住宅总能耗的比例较大,其中传热损失为 1/3,冷风渗透为 1/3,所以在保证日照、采光、通风、观景要求的条件下,尽量减小住宅外门窗洞口的面积，提高外门窗的气密性，减少冷风渗透，提高外门窗本身的保温性能，减少外门窗本身的传热量。

1. 控制住宅窗墙比

住宅窗墙比是指住宅窗户洞口面积与住宅立面单元面积的比值。住宅窗口面积的确定应视住宅所处的地理纬度、当地的冬季日照率、居室的采光要求、住宅之间日照遮挡情况来确定。在满足上述条件下，应尽量减少门窗洞日面积。JGJ 26—95 对不同朝向的住宅窗墙比做了严格的规定，北向、东向和西向、南向的窗墙比分别不应超过 20％、30％、35％。

2. 改善住宅门窗的保温性能

①户门与阳台门应结合防火、防盗要求，在门的空腹内填充聚苯乙烯板或岩棉板，以增加其绝热性能。

②窗户最好采用钢塑复合窗或塑料窗，这样可以避免金属窗产生的冷桥。应设置双玻或三玻窗，并积极采用中空玻璃、镀膜玻璃，有条件的住宅还可采用低辐射玻璃。对于双玻或三玻之间的静态空气层，其厚度宜控制在 6～20mm，并且其密封一定要好，否则，经过较短时间的使用后，玻璃层间会因密封不好而进入灰尘，无法擦洗，而影响玻璃的透明度。

③缩短窗扇的缝隙长度，采用大窗扇，减少小窗扇，扩大单块玻璃的面积，减少窗芯，合理地减少可开启的窗扇面积，适当增加固定玻璃及固定窗扇的面积。

④目前常用的内置窗帘固然装饰效果较好，但低垂的窗帘会把散热器挡住，使热量更易从窗玻璃处损失。因此，居室内可使用镀膜窗帘。因为，在冬季镀膜层可使热量在居室内循环而减少供热用能；而在夏季，又可防止强烈的太阳辐射而减少制冷用能。发达国家早就重视居室外遮阳及室外窗帘，并发展了集遮阳、保温、隔热与防盗为一体的外窗帘板，有的采用铝质或塑料百叶，有的采用钢卷帘或布卷帘，也有采用横向推拉式的。

3. 提高住宅外门窗的气密性

如设置泡沫塑料密封条，使用新型的、密闭性能良好的门窗材料。而门窗框与墙间的缝隙可用弹性松软型材料（如毛粘）、弹性密闭型材料（如聚乙烯泡沫材料）、密封膏以及边框设灰口等密封；框与扇的密封可用橡胶、橡塑或泡沫密封条以及高低缝、回风槽等；扇与扇之间的密封可用密封条、高低缝及缝外压条等；扇与玻璃之间的密封可用各种弹性压条等。

4. 设置“温度阻尼区”

温度阻尼区就是在室内与室外之间设有一中间层次，这一中间层次像热闸一样可阻止室外冷风的直接渗透，减少外墙、外窗的热损耗。在住宅中，将北阳台的外门、窗全部用封闭阳台封闭起来，外门设防风门斗，防止冷风倒灌，楼梯间设计成封闭式的，对屋顶上入孔进行封闭处理等措施均能收到良好的节能效果。

（五）屋顶节能设计的可控性

1. 屋面保温隔热层的节能设计

工程上为了隔热，同时为了防止屋顶的混凝土层在热应力作用下产生龟裂，在屋顶通常设置保温层，同时设置通风隔热层。而传统的保温材料是膨胀珍珠岩和膨胀蛭石，由于这两种材料均以水泥为黏结剂，而水泥的传热系数大，易产生热桥效应，故保温隔热效果不显著，经检测夏季室温仅降低 1～2℃，因此，目前新型的有机保温隔热材料越来越受到人们的关注。其中聚苯乙烯泡沫塑料板已开始被广泛使用，其 10mm 厚板材的保温隔热性能相当于 50mm 厚的混凝土板。采用 30mm 厚的板材，其传热热绝缘系数为 1.24m^2 · K/w，已能满足节能设计标准屋面最小热绝缘系数建议值为 1.22m^2 · K/w 的要求。

2. 平改坡设计

目前，大多数住宅仍采用平屋顶，这种屋顶的防水较为困难，且耗能较多。若将平屋顶改为坡屋顶(斜屋顶)，并内置保温隔热材料，不仅可提高屋顶的热工作性能，还有可能提供新的使用空间，也有利于防水。

3. 屋顶绿化设计

研究表明，太阳光照射在绿色植物叶子上，平均约60%的太阳能消耗于蒸发水分，约30%透过植物体，仅有2%用于光合作用和制造生物能，其余8%被叶子反射回大气中。通过植物叶片蒸发水分，可以消耗大量的太阳能，这部分热量就不会使屋顶结构表面的温度升高，居室内的温度也不会上升很高，因此，屋顶绿化是防止夏季屋顶温度升高的一项有效措施。

草皮屋顶是绿化屋顶的一种常用形式。同时，通过绿化屋顶可以降低住宅的外表温度，减少住宅屋面结构的温差变形，避免顶层结构的伸缩裂缝，从而有效地改善顶层居民的生活环境。

(六)室内装饰节能设计的可控性

在居室装饰设计中要充分考虑节能，消除累赘多余的装饰，约束不合理的室内空间，使室内空间环境布置更趋合理化、人性化、自然化。

采用高效率、低能耗的设备，如人工照明中的低能耗节能灯具，运行效率高的变水量、变风量、变制冷剂流量的节能系统，可以回收能量的空气调节系统等。居室装饰设计，优先采用太阳能、风能转化的热电、电能，这样不但可以使室内环境更加清洁、舒适，同时也可减少对室外环境的污染。

室内的家具设施是居民直接使用和接触最多的部分，选用家具时，除考虑形状、布置方式外，应注意材质的质感与当地气候变化的可调整性。合理的家庭室内绿化可以改善室内空间与室外空间的隔离状态，让人们对气候感受的心理需求达到满足。色彩对人的情绪、健康以及清除疲劳具有较大的作用。选择适宜的中性色彩，有利于提高舒适度，减少设备的负荷，也可以达到节能的目的。

二、天然采光与建筑节能设计

建筑的天然采光就是将日光引入建筑内部，精确地控制并且将其按一定的方式分配，以提供比人工光源更理想和质量更好的照明。

天然采光可以提供比人工光源更理想、质量更好的照明，在建筑设计中充分利用太阳光能，将阳光引入建筑内部，使人们的视觉效果改善，工作效率提高，使空间具有更好的显色性，使空间富有生命力。同时对节省能耗，减少环境污染，追求生态和可持续发展具有十分重要的意义。

（一）采光设计方法

建筑的天然采光设计过程分为以下步骤。

①确定满足功能使用要求的照度水平、性能目标。

②根据天然采光的照度水平、性能目标确定建筑的位置、形状和朝向。

③根据研究确定最有效的采光口——窗，并将其融入基本建筑形式。

④根据气候、窗户位置和朝向确定玻璃材料，以保证最高的照明效能。根据墙壁、顶棚和地面的推荐反射系数（表 6-1）确定建筑内表面装饰材料。

表 6-1　推荐表面反射系数

表面	表面反射系数范围（低～高）	表面	表面反射系数范围（低～高）
天花板	80～90	地面	20～50
墙壁	60～65		

⑤根据天穹的研究或其他太阳射线的分析，结合建筑艺术处理，确定能够调节天然采光的建筑构件、如房檐、遮阳板或其他形式。

⑥施工验收时用仪器检测房间的照度水平，与设计的照度水平、性能目标相对照，提出必要的改进方法，制定确保建筑的天然采光特点并维持最佳性能的维护措施。

(二)采光系统设计

建筑的天然采光需要在围护结构上开口，即形成窗，允许日光进入并充分分配和发散光线。

设计良好的天然采光能避免因直射引起的会削弱视力和产生不舒适的多余的得热和亮度，现代天然采光的创新为我们提供了范围很广的先进、高效和高度完善的系统。根据窗位置、形式的不同可以将天然采光系统分为侧窗采光系统、天窗采光系统、中庭采光系统和新型天然采光系统。

1. 侧窗采光系统

侧窗采光系统是在房间的一侧或两侧上开采光口，是最常用的一种采光系统。光线具有明确的方向性，有利于形成阴影，并可通过它看到外界风景，扩大视野，主要缺点是照度分布不均匀。

近窗处照度大，离开窗照度下降速度很快。一般房间的窗洞上口至房间深处的连线与地面所成的角度不小于 26°，则可以保证房间进深方向的均匀性。高侧窗可以看作侧窗的特例，是一种非常好的使日光深入内部空间的方法。除了房间进深影响光线的均匀外，建筑物的间距、窗户的面积、分布及性状等都影响房间照度和均匀。

从外墙窗户射人并反射到房间后部的光量以及房间前部和后部的比较照度水平受到室内表面的反射系数的控制。反射系数越高，房间后部的照度越大。反射系数还会影响背景的亮度水平和工作面与背景的反差。

2. 天窗采光系统

天窗采光系统又可细分为矩形天窗、锯齿形天窗、横向天窗、井形天窗和平天窗等类型，其中平天窗在公共建筑中应用较为广泛。

平天窗就是屋顶上的水平开口，是普遍采用的日光照明方法。如果用得合理，则是使光线进入房间的最有效的方法。天窗通常布置成网格状，天窗之间的距离大约为地面到顶棚平面的距离的 1.5 倍。最佳天窗窗地比可以为 5%～10%或更高，具体数值根据玻璃的透射率、天窗设计的效率、需要的照度水平和顶棚的高度以及房间是否有空调系统而变化。

因为大多数平天窗需要散射玻璃以控制太阳辐射，所以无法看到外面。如果在昼光照明中采用平天窗，必须保证以下条件。

①倾斜的井壁以防止效率的损失。位于天窗开口下面的垂直面称为“井壁”。当该结构的深度或从屋顶到顶棚平面的距离增加时，保持井壁具有一定的角度以防止天窗效率的损失就变得更加重要。

②在天窗下设置挡板，将一些反射光反射到顶棚表面上。这种技术使顶棚成为相对较大的非直射光源，减少了光源对背景的反差。

③考虑屋顶的设计。如果在倾斜的屋顶上使用天窗，天窗的效率会随屋顶倾斜度的增加而降低，而且光线分布形式更像侧光照明。如果屋顶朝北倾斜，太阳辐射的控制问题不大；如果屋顶朝东、南或西倾斜，则控制的问题较大。

3. 中庭采光系统

中庭最大的贡献在于提供了优良的光线和射入到平面进深最远处的可能性，允许进深较大的建筑能够天然采光，本身则成为一个天然光的收集器和分配器。至于庭院、天井和建筑凹口可以看作中庭的特殊形式。

中庭的采光除了考虑直射光外，更主要的是光线在中庭内部界面反射形成的第二次或第三次漫反射光。中庭起了一个“光通道”的作用，面向使用空间的开口就是这条光道的出口处，这条光道四周的墙体决定了这一光线的强弱，以及有多少光线可照到中庭底部和进入建筑物最底层房间的内部。

到达中庭地面的直射光量取决于中庭本身的比例——纵横比，该特性决定庭院光照水平的衰减程度，天空光线越强烈，庭院越要宽，使最底层达到有效的光照水平。不过，侧面反射也很重要，不同反射性能的墙，其效能有很大的差异。对于靠中庭采光的底层部分，对面的反射墙就是它的“天空”，若该墙为一个从顶到地的玻璃或完全是敞开的，则很少一部分光线会在它面上反射而传入下面各层。从理论上的另一极端来说，该处没有敞开，却有一个强反射面对着墙，光线经反射进入这个通道，就像光线在一个光导纤维中反射的那样，光的强度减弱极少。光线应该按所需量理想地进入每一层楼，其余经反射再向下传递。这一概念的逻辑结果是，在每一层窗的排列设置应不同，顶层仅需极少的窗，增加反射界面，往下逐渐增加玻璃窗，减少反射界面，直至最后全部开玻璃窗。

4. 新型采光系统

随着现代科学技术的发展，出现了许多新型天然采光系统，如几何光学系统、光导纤维引光系统等。

几何光学系统可以将光引至地下 30m 的房间中。

光导纤维引光系统主要是依靠可见光波在光导管内的全反射将光波从引入端传至输出端。光导纤维引光系统主要由三部分组成：引入喇叭形捕光器，对准阳光，将阳光集束进入光导管；中段为光导管，可以像电线一样弯曲穿插，进入受光房间；末端为透明透光管，将光线输出。

三、太阳能建筑一体化设计

国内外的大多数太阳能住宅，因为为了获取更多的能源，太阳能建筑的形体和立面都受到影响，向阳的立面不是采用玻璃幕墙，就是安装太阳能电池板，大大地削弱了建筑美感，同时也使太阳能利用方式趋于单调。这里介绍三个多层住宅的太阳能建筑设计方案，分别位于银川、桂林和郑州，具有不同地域需求的代表性。

(一)西北地区的被动阳光房

住宅项目位于银川市北部北塔湖，开发商对其市场定位为当地高档住宅。因为银川沙尘较大，根据当地气候特征，同时结合建筑套型面积大等特点，采用被动阳光房设计，即在阳台外面增加收集太阳能的空间。阳台外的平台上可以砌筑鱼池并绿化种植，改善室内小气候。阳光房地面与阳台地面高度相同，阳台外窗台标高 0.60m，打开阳台推拉窗可跨入外层阳台整理园艺。

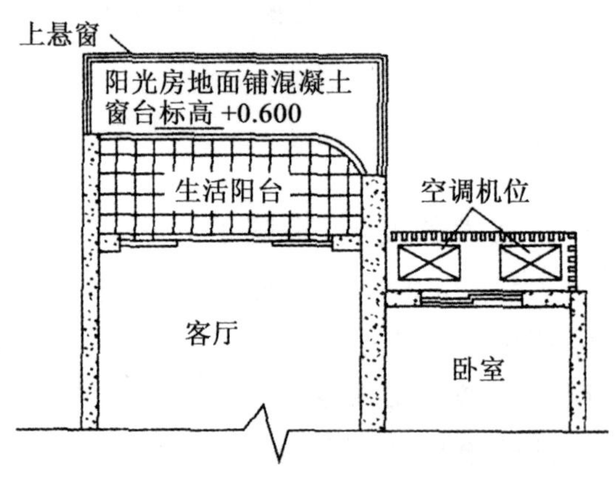

图 6-1　住宅平面图局部

在立面设计中，考虑银川规划日照间距是 1∶1.7，日照资源从一层到六层递增，阳光房在六层及顶层跃层开间最大，向下逐渐收分，见图 6-2。

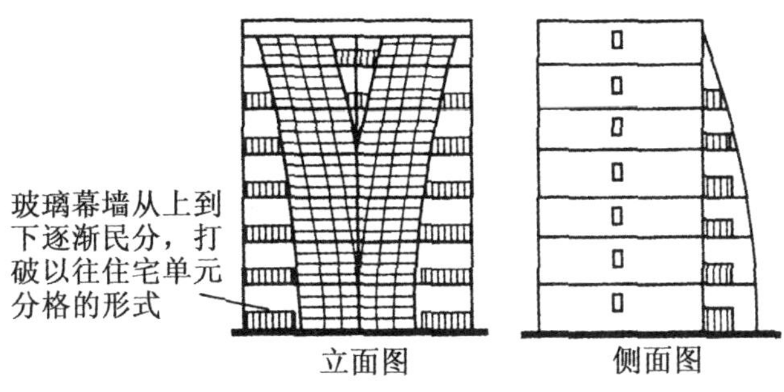

图 6-2 住宅立面、侧面示意

该项目中的被动阳光房设计等于在阳台外增加一层屏蔽，对改善风沙地区的扬尘有一定作用。缺点是夏季阳光房的温度偏高，为此，阳台外侧窗户采用上悬开启方式，并用开窗器开启，改善通风。

（二）南方地区注重遮阳、通风与集热设备的结合

建筑与太阳能一体化设计中，应该根据自然资源和气候情况进行规划，在利用阳光房、集热器采集太阳能的同时，还应将遮阳与通风设计同时考虑。位于桂林郊区临桂县的项目，建筑南侧设有钢结构遮阳，遮阳结构上安装太阳能真空管集热器和水箱，通过钢结构与建筑连接，如图 6-3 所示。遮阳、真空管集热器和水箱满足太阳能建筑的功能设计，钢结构遮阳使建筑具有双重立面效果，不会感觉死板、乏味。

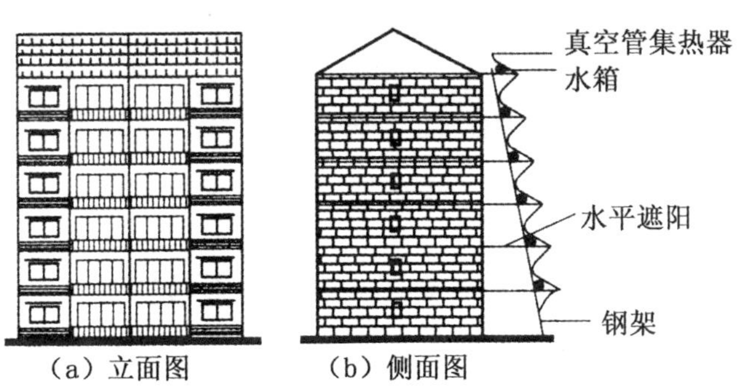

图 6-3 住宅立面、侧面示意

在南方的建筑防热设计中，通风设计很重要。当建筑的进深较大时，仅仅依靠自然通风其效果不显著，同时建筑布局和风向对自然通风影响很大。建筑北侧设置强制通风的风机，采用正压通风形式，可改善室内温度、湿度，耗能比使用空调低得多。

（三）日照间距小的地区利用屋顶设计

郑州地区规划的日照间距是 1∶1，冬季阳光遮挡非常严重，加之在多层住宅设计中，每户能获得的太阳能资源更加有限，所以该六层住宅采用在屋顶上安装太阳能真空管集热器的方式。

以往太阳能真空管架放在屋顶上，特别突兀，破坏建筑整体效果。在这个住宅屋顶设计中，采用氟塑琉璃瓦，这种材料采用 UPVC 复合发泡板作为基材，表面喷涂耐候氟碳漆制成，厚 3cm，自重 4kg/m^2，色彩鲜艳，使用寿命达 50 年，可避免采用沥青瓦时，其质感、反光率与太阳能集热真空管的差异过大。琉璃瓦波峰高 60mm，可以在每个波型瓦的凹槽内放置一只 ϕ47mm 或 ϕ58mm 的真空管，外观结合自然。该住宅还采用两坡屋顶，可提供足够的太阳能热水，见图 6-4。

图 6-4　住宅的两坡屋顶设计

四、大开间节能住宅体系视点工程设计

过去我国大量建设的是以小开间砖混结构为主的住宅。由于受砖混结构体系的制约，住宅平面布局多为封闭式的小开间，

不能适应日益提高的居住水平和不断变化的居住模式的需要，因此，在灵活、舒适、方便的前提下，开拓可选择性强、可改造性强的大开间多功能住宅建筑体系，就成为建设、设计部门的主要课题。本节介绍某大开间节能混凝土小型空心砌块住宅体系试点工程，已交付使用。

(一)工程概况

试点住宅总建筑面积为 3335m^2（不含阳台面积），6 层，共 48 户，其中二室二厅 36 户，三室一厅 12 户，平均每套建筑面积 67.6m^2，平均每户使用面积 54.15m^2，建筑总长度 45.79m，进深 11.89m。一般厨房 5.1m^2，卫生间 3.2m^2，储藏间 1.2m^2，开间 5.7m，楼梯间 2.4m^2，层高 2.7m。

(二)材料选择

1. 砌块

要选用固定成型机生产的砌块，这样砌块的规格尺寸、材料性能有质量保证。

砌块规格以 390mm×190mm×190mm 为主，辅助规格有 4 种，即 90mm × 190mm × 190mm，190mm × 190mm × 190ram，290mm×190mm×190mm，580mm×190mm×190mm，用于丁字墙及十字墙砌块。这 5 种规格即可满足切符合 100mm 基本模数的平面及空间尺寸砌筑排列的要求。另备用的异型砌块有 4 种，其中两种下部开洞的砌块是用于芯柱插筋及灌注芯柱混凝土时清理孔底及检查灌注质量时用的。有封底的砌块两种，用于板带及圈梁下皮。

砌块的外观质量及标号应符合《混凝土小型空心砌块》(GB 8239—87)的要求。而对砌块的技术性能应由生产企业提供并由设计单位认定。混凝土小型空心砌块性能见表 6-2。

表 6-2 混凝土小型空心砌块性能

（以标准砌块 390mm×190mm×190mm 为例）

项目	单位	性能指标	项目	单位	性能指标
材料密度	kg/m^3	2400	软化系数		0.85～0.95
块体密度	kg/m^3	1200～1350	碳化系数	0.81	
单块重量	kg/块	17.5	抗冻性	次	>25
空心率	%	48～50	隔声性能	dB	47.5
含水率	%	2.8	材料热导率	$W/(m^2 \cdot K)$	1.4～1.51
吸水率	%	4.7	块体热导率	$W/(m^2 \cdot K)$	1.05
干缩率	mm/m	0.24～0.43	砌块热阻	$M^2 \cdot K/W$	0.17～0.26

2. 砂浆

由于混凝土小型空心砌块属于薄壁空心块材，水平嵌缝窄，砂浆结合面小，且块体高度较高，竖缝长，砂浆不易饱满，影响砌体强度，所以砌筑应采用专用砂浆。天津某单位新研制的专用砂浆中掺用粉煤灰、107 胶、石灰膏等，有良好的和易性和黏结力，在施工中保水性和硬化率也较好，易于保证砌体强度。

3. 芯柱混凝土

芯柱对增强房屋抗震性能十分重要，它是按照设计要求在砌块孔洞中插钢筋后再浇灌混凝土，形成芯柱。芯柱混凝土要求不仅能够灌实砌块孔洞，还要与孔壁有良好结合。所以芯柱混凝土要有高和易性、高流动性及低收缩性或微膨胀性。一般不低于 C15，工程中宜用 C20 加膨胀剂，同时调整水灰比，减少混凝土的收缩。在当时情况下，用一般细石混凝土也是可以的。

（三）建筑设计

1. 平面及立剖面参数

为了尽量减少砌块的规格，以方便施工，在平面设计中一般应掌握至少1Mo的原则，最好是2Mo，因为小砌块产品是2Mo制。由于常见的建筑物配件如门窗、预制楼板等均为3Mo，有时不易调整，因此要慎重做好平面设计，不宜套用砖混平面及模数，否则会造成砌块排列困难，无法错缝。立剖面设计即竖面设计，在安排好圈梁及板带后，剩余的尺寸也应符合2Mo。

2. 局部尺寸

在平面设计中应尽量避免出现尺寸较小的砖垛（如凸出200mm以下的），否则砌块不好排列。内门窗口也应该注意符合2Mo，如1.0m、0.8m、0.6m较好，不宜使用0.9m、0.7m等，这样便于砌筑。而窗间墙最小尺寸以不大于600mm为宜，否则会出现错缝不对孔或对孔不错缝的现象。

3. 绘制砌块排列平面图和立面图

首先标出砌块上下两层的排列方法及规格型号的平面图，上下两层要错位布置，搭砌不得小于90mm，如出现两皮以上通缝时，应加钢筋网片压缝。画立面砌块排列，应先标出门窗洞口、圈梁模数、窗下板带和预留孔洞位置，对照平面排列砌块，画出水平缝线，优先排好主规格块。排好后注明规格型号。

列表统计各种型号砌块、每层用量及总用量，便于生产和施工。

4. 建筑节能设计

该工程地处寒冷地区，居住建筑应按《民用建筑热工设计规范》（GB 50176—93）及《民用建筑节能设计标准（采暖居住建筑部分）》（JGJ 26—95）的要求来进行节能设计。

对于砌块住宅墙体保温做法有多种，一是外墙可以做成单一保温材料的墙体，如多排孔轻质混凝土砌块；二是采用主砌块做承重墙材，用高效保温材料做内保温或外贴保温；三是外墙做双层墙，即190mm砌块和90mm厚砌块中间填充保温材料。从实践看，建议采用墙体内保温做法。如果要达到节能 50%要求，建议消除芯柱、过梁、圈梁热桥的影响，以达到较好的保温效果，采用墙体外保温复合墙体做法较为适宜，它比用同样的保温材料做复合墙体，用量节省 40%以上。且外贴后墙体减薄，每户使用面积可增加。

5. 做法

外围护墙采用 190mm 厚普通混凝土小型空心砌块，用专用砂浆砌筑，外贴（用 EC-6 砂浆点粘）70mm 厚的水泥聚苯乙烯保温板组成墙体，外抹 EC-6 专用砂浆，将玻璃纤维网格布贴在保温板面上，再用 15mm 厚水泥砂浆抹面，刷外墙涂料，内抹 20mm 厚水泥白灰混合砂浆，外墙传热系数为 1.04W/(m^2 · K)，相当于 660mm 厚砖墙。

东、西、北 3 个方向采用单槽双玻窗，传热系数为 3.49W/(m^2 · K)，南向窗仍为单玻窗，传热系数为 6.4W/(m^2 · K)，阳台门和户门传热系数按标准要求为 1.72W/(m^2 · K)，屋面保温采用 180mm 水泥珍珠岩，屋面传热系数为 0.79W/(m^2 · K)，通过节能计算，建筑物耗热量指标 $Q_{11}=21.63W/m^2$，达到了节能 50%的设计标准要求，其节能效果见表 6-3。

表 6-3　节能效果

项目	数据	项目	数据
耗热量指标/(w/m^2)	21.63	平均传热系数/[w/(m^2 · K)]	1.52
体型系数(Fo/Vo)	0.27	单位建筑面积年耗煤量/(kg/m^2)	14.17

注：耗热量指标为试点工程实际采用值，比建议值略高。

第七章　优秀住宅设计鉴赏

住宅给人们带来的不仅仅是实用，如吃饭、休息、休闲等的功能，一个优秀的住宅还应该是一个综合性的场所，不但具有良好的基础配套设施，同时还有良好的环境条件。本章我们就从国内和国外的优秀住宅设计案例入手，对优秀的住宅类型进行分析。

第一节　国内优秀住宅案例

一、北京优秀住宅

（一）国兴家园

在北京优秀的住宅建筑案例比比皆是，其中国兴家园小区是一个比较典型的住宅小区设计案例（图 7-1）。

图 7-1　国兴家园远景图

小区位于北京西郊车公庄西路，主要由4幢高层塔式住宅、高层写字楼以及3幢中高层建筑围合而成。

从规划布局、商业服务设施、环境小品等方面来看，这个小区的设计从整体到细节，安排精到，配套也比较完善，设计严谨而人性化（图7-2）。基地的面积约为40000m²，建筑的总面积达到了240000m²。其中，商业服务的面积达到30000m²，绿化总面积达到14000m²。

图7-2 国兴家园配套设施（局部）

小区的住宅建筑结构是剪力墙结构，外墙采用的是暖色，外墙面砖配有腰线，塔式住宅地上三层的基座是花岗岩外饰面。住宅的内墙采用水泥砂浆抹面，地面同样采用的是水泥砂浆抹面，卫生间和厨房也同样运用了水泥砂浆抹面，这就极大地增加了建筑墙面和地面的强度。

在安保方面，小区24小时都有保安巡逻，还有电子监控系统辅助。小区还设有地下停车库以及地上停车场。

尤其值得一提的是公共部分，首层的大堂以及各层电梯间的地面都是用国产花岗岩铺设，墙壁是大理石，顶棚是石膏角线与吸顶灯。公共走道的地面都采用了高级通体砖，墙面是高级环保

型无公害涂料。❶

总之，国兴家园作为一座新型住宅建筑，具有超前的设计理念，符合当前社会发展的方向。

（二）SOHO 现代城

SOHO 现代城位于北京朝阳区的建国路 179 号，总的建筑面积达到 480000m^2，分为现代城公寓区与 SOHO 现代城两部分（图 7-3）。它的空间是流动的，可以随意进行组合，可大可小。在一个开敞空间中，客厅与工作间部分是由一堵不完全封闭的墙分隔开来，墙的一部分为固定结构，而另一部分则是可推拉活动的“墙门”。需要大空间时，可拉开“墙门”，而需要相对封闭的小环境时，就可以把“墙门”关上，专心伏案工作。这种布局使工作、休息互不干扰，十分适合有创业想法的青年人，所以，SOHO 项目受到青年创业群体的青睐。

图 7-3 北京 SOHO 现代城

此外，为了能够满足青年群体的公共交往需求，SOHO 现代城还给居住者提供了各种类型的公共空间，并且按照不同的需求把这些空间分为“透明的”“灰色的”“黑色的”等各色区域。其中，透明的公共空间有利于和社会公众交往，如餐厅、咖啡厅等；灰色

❶ http://baike.so.com/doc/524469-7450535.html.

区域为半透明的空间，是“圈子”里的朋友进行交往的地方，如俱乐部；而黑色空间则是能够租用的空间，只供自己使用的地方，如图书馆、会议室等(图 7-4)。

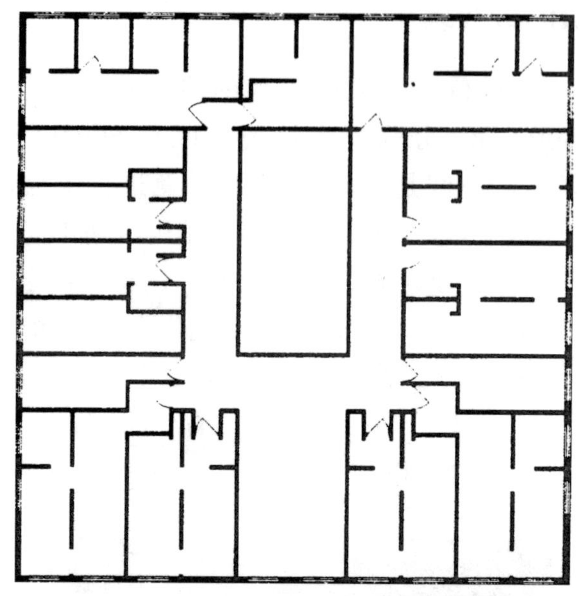

图 7-4 SOHO 现代城的标准公寓平面图

二、上海优秀住宅

上海是中国对外的窗口城市，也是一个国际性大都市，上海的住宅建筑具有鲜明的特点，既结合了江南传统的建筑风格，还融入了国际性建筑的理念，可谓是传统与现代、国际理念与国内理念相结合的产物。所以，上海的优秀住宅设计案例比较多。

(一)江南星城住宅

这个住宅小区设计主要由 4 幢中高层、33 幢多层的弧形住宅错落有致组合而成，总建筑面积达到了 160000m^2，在小区的景观设计方面，主要采用的是竹林、碧池、石柱、亭台等江南传统的景点小品作为点缀，再结合建筑造型的粉墙、坡顶、屋脊等细部处理，充分体现出了历史和现代、时尚与古典、精致与简约的设计风格。

江南星城的建设地段用地总面积达到了 300000m²，从地段的整体性来看，住宅建筑追求东西的融会贯通以及环境的共享。走进住宅区，给人的第一感觉就是大而规律，黑白相砌的外观造型，是江南水乡建筑的重要特征，一排排的多层楼盘，雄伟而有雅兴，内部的绿化率也较高，小桥流水、环境迷人（图 7-5）。

图 7-5　上海江南星城

在楼的周边，集购物、美食于一体的街道，为人们提供了便利的生活条件。在住宅的规划设计方面，立面上形成了错落起伏的变化，丰富街道景观。布置了适量的小高层，形成一种开阔的视觉走廊，让沿河的绿化景观和小区中的环境直接对话。在房型的设计方面：主力房型是二房二厅、三房二厅，建筑面积多在 100m² 左右，层高达到 2.9m。房型的设计相对科学，通风、采光以及功能等因素都比较明确。除此之外，还有其他的房型，如大房型面积可达到 178m²（图 7-6）。

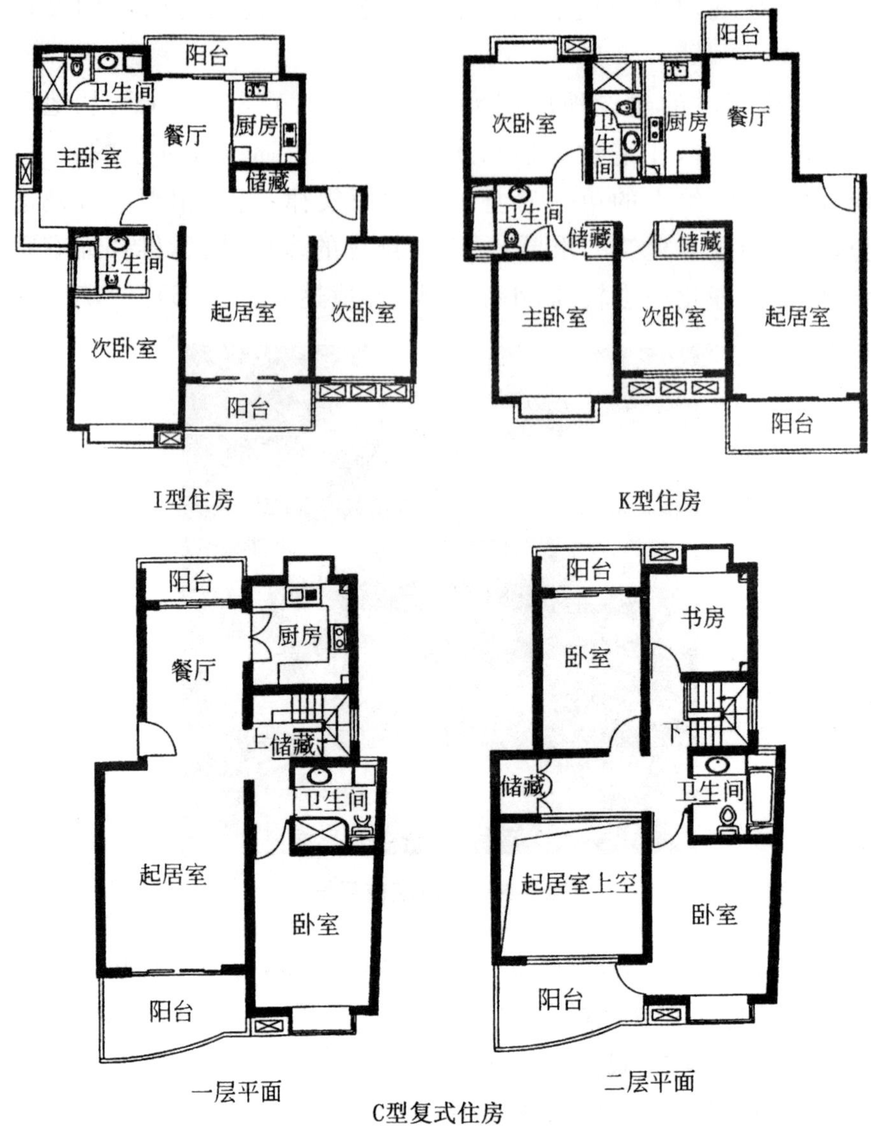

图 7-6　江南星城住房类型平面图

(二)同盛豪园住宅

同盛豪园住宅建筑道路属于纯坡式道路,纯山地式景观,纯叠加式创新别墅小区。内部的配套设施十分齐全与完善。周边的环境也比较好,靠近地铁站。在安保方面采用的是可视远红外三位一体系统，日式的超大景观会所。

该住宅区建筑是叠加式造型，即复式单元住宅，通过不同体形的组合，丰富了户型的内部空间以及形成良好的自然通风条件（图 7-7）。

图 7-7　同盛豪园住宅外观

同盛豪园的住宅类型可以分为三种，即 A 型：建筑面积 191.24m^2、B 型：建筑面积 167.93m^2、C 型：建筑面积 172.26m^2，具体住宅建筑平面图如图 7-8 所示。

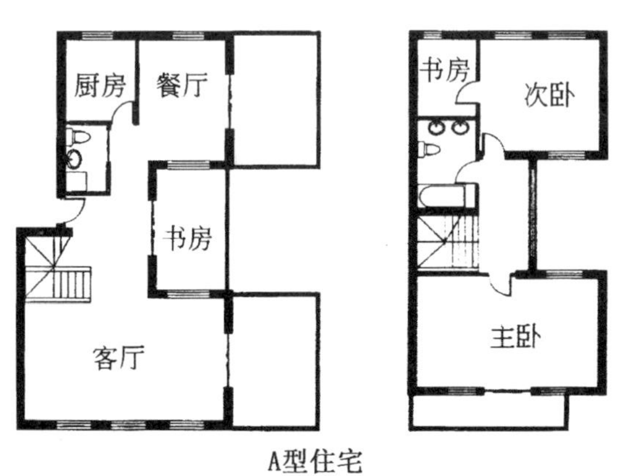

图 7-8　同盛豪园住宅平面图

图 7-8(续) 同盛豪园住宅平面图

(三)阳光星期 8 住宅

28 幢 12～26 层的现代风格板式建筑起伏交错,勾勒出现代城市的天际线。用底层架空的方式,使人们的视线毫无阻碍,引入了河景波光,庭园绿化设计。包括两幢专供住户活动的休闲会所,使人们活动内容比较丰富。各组团形成了各自的庭园、休闲广场、艺术长廊,与入口社区、道路绿化、绿化广场、观景平台、河滨步道线面结合,构成了一个有序多彩的室外宜居空间。这就是阳光星期 8 的住宅结构。

基地的面积达到 140000m^2;建筑的面积则达到了 300000m^2。同时,住宅的户型可以分为三种(图 7-9),如表 7-1 所示。

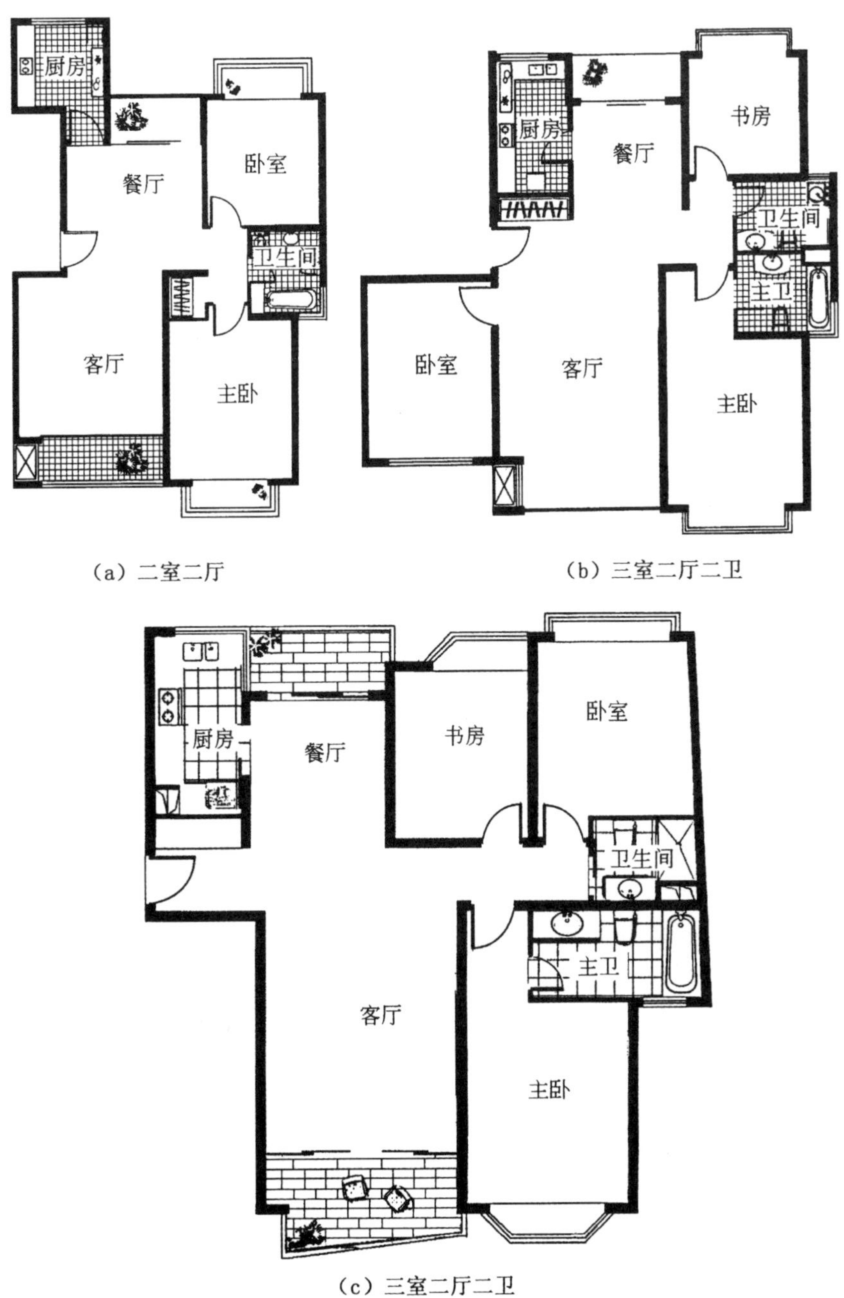

(a) 二室二厅

(b) 三室二厅二卫

(c) 三室二厅二卫

图 7-9 阳光星期 8 住宅不同户型平面图

表 7-1　主要户型

<table>
<tr><th>二室二厅</th><th>三室二厅二卫</th><th>三室二厅一卫</th></tr>
<tr><td rowspan="2">104.17m²</td><td>128.45m²</td><td rowspan="4">114.2m²</td></tr>
<tr><td rowspan="2">126.72m²</td></tr>
<tr><td rowspan="2">107m²</td></tr>
<tr><td>146.04m²</td></tr>
</table>

(四)仁恒滨江园

该地位于上海市陆家嘴的黄金要地，是一组高层的住宅建筑群，以弧形的板式、高低不同的层数相组合。住宅的户型及景点、绿化、会所等各种配置十分齐全，最大限度地获得良好的景观视野，使浦江两岸不同时代的建筑都能够相互映照。这是一座上海 20 世纪 90 年代新建的高档而昂贵的住宅小区(图 7-10)。

图 7-10　仁恒滨江园小区效果图

仁恒滨江园坐镇于陆家嘴的金融贸易区，这里距离金茂大厦只有约500m，距离东方明珠也只仅有约1000m。34层的景观珍品以超然的气势雄居于黄浦江最前沿。

该建筑设计外观采用了大面积采光玻璃，使外滩和黄浦江的美丽景致一览无余，足以使人羡慕异常。辅助搭配设施主要有3000m^{2}的大型VIP豪华会所、超大型沉降式中心广场，42000m^{2}的庞大绿茵以及GOLF推杆果岭(图7-11)。

图7-11　仁恒滨江园小区图

该住宅区属于高层建筑群，在住房的户型设计上也独有魅力，符合现代人的住房审美习惯(图7-12)。

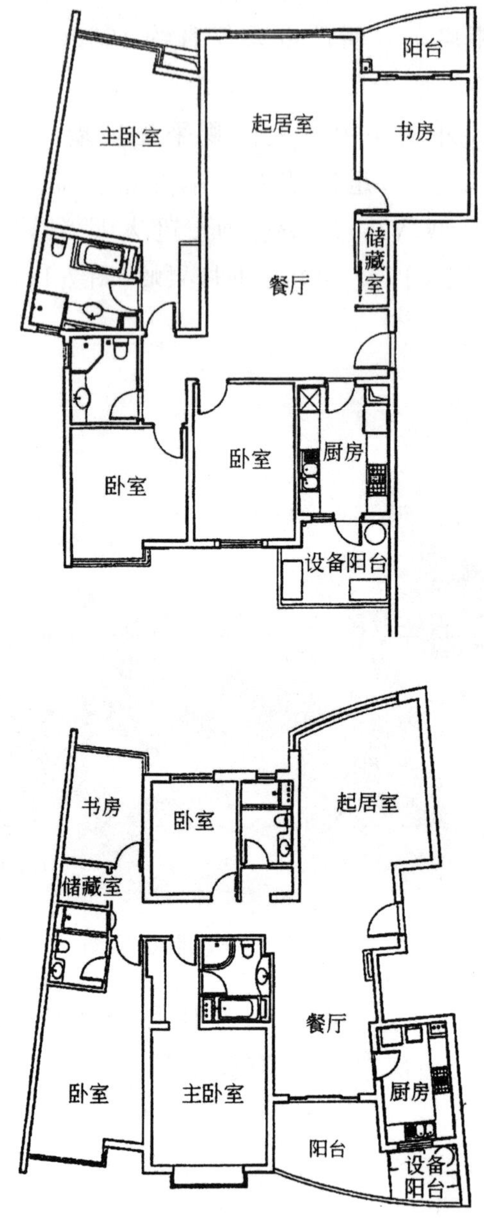

图 7-12　仁恒滨江园住宅户型平面图

三、广东优秀住宅

(一)锦城花园住宅

作为南方最为重要的城市之一,广州的住房设计也有一定特色,既要适应南方的地形、气候环境,又要满足人们的生活需求。在广州的住宅设计中,以锦城花园最具典型,不是因为设计的时间比较早,主要是因为其设计的理念较前卫。

本建筑是20世纪90年代建造的大型高层住宅,位于东风东路。小区总共有高层住宅20幢。其中,有5幢是32层的翼形住宅,沿基地的周边布置,中心绿地布置有会所、游泳池以及近万平方米的环境绿化区,同时还设有地下车库与小学,住宅的入口大堂设计十分豪华精美。小区的基地面积达到50000m^2,总建筑面积则高达3160000m^2,其中,住宅小区的绿化率更是达到33%左右(图7-13)。

图7-13　锦城花园俯瞰图

锦城花园中住宅楼的单元设计形式多样,其住宅单元平面设计如图7-14所示。

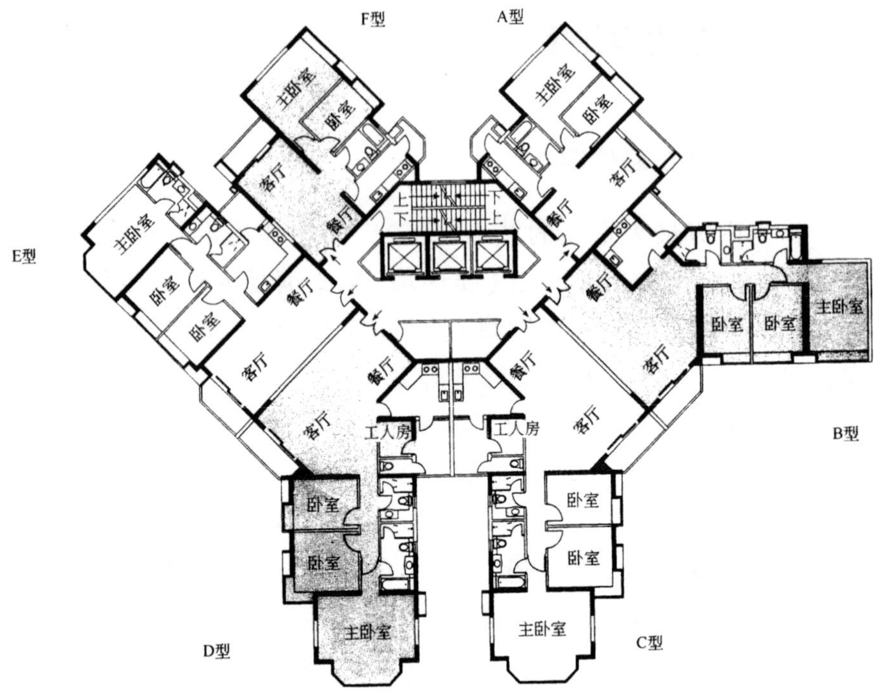

图 7-14　锦城花园住宅单元平面图

(二)红岭花园住宅

红岭花园小区是番禺市南沙开发区中的一个优秀住宅案例，这里属于丘陵地带，地势北高南低，背靠青山，面向水塘，远眺珠江入口，生态环境比较良好，和前面我们所提到的坡地住宅设计十分相似。

住宅区规划的原则是“依山就势、随高就低”，结合当地的地形、地貌设计出了多种坡地住宅类型，塑造了多种形态的组团空间。小区以水塘为中心，结合了购物中心与文娱中心。形成了连接的小区空间、城市空间及南部水库纽带。

在保留了原有的荔枝园基础上，新增辟了各种绿地造就小区优美的环境。小区的道路顺山势曲折环行，便捷可达，出行十分方便；而且多种植物形成的绿化带，有效减少了噪音污染。

小区的住宅建筑密度适中，绿地率达到了 38%左右。其住宅类型如表 7-2 所示。

表 7-2　小区住宅类型

套型	建筑面积(m^2)	使用面积(m^2)
2LDK	72.74	61.46
3LDK	88.90	70.30
4LDK	113.15	86.26
2LDK 3LDK	81.91	60.78

四、香港住宅设计

(一)香港映湾园

该住宅在香港远郊，以钻石型的单元平面，保证了多数户型开阔的视野与良好景观，小区内会所、生活服务与体育活动场所充足的地下停车面积等设施齐全(图 7-15、图 7-16)。

图 7-15　香港映湾园

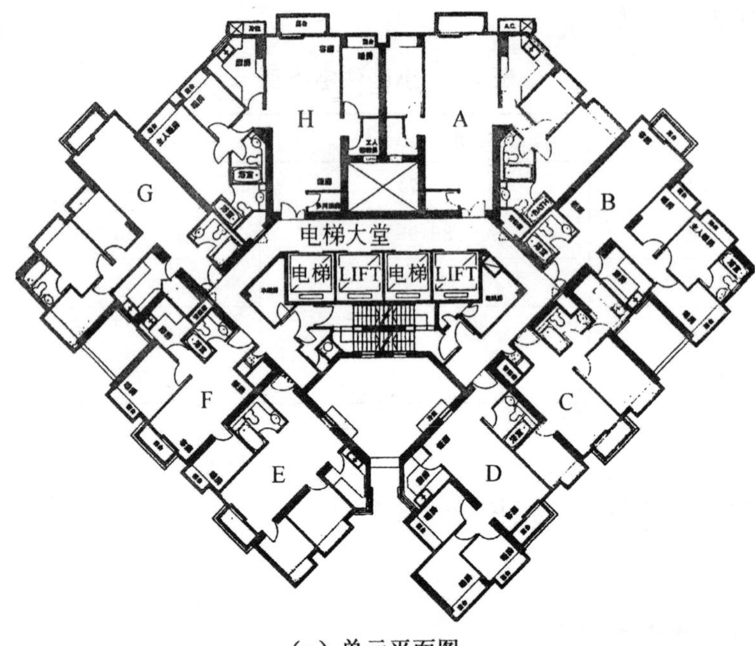

（a）单元平面图

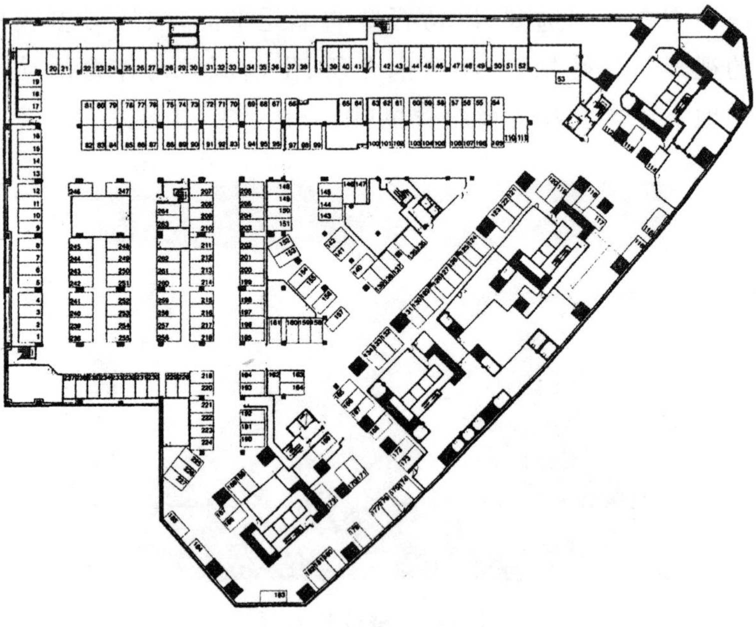

（b）停车场平面

图 7-16　映湾园平面图

(二)香港松园

该住宅区内设置了内庭,以大进深的联排式别墅为基础,进行了适当的错层布置,为了很好地适应亚热带的气候条件,该庭院建筑采用的是顶窗,使内部空间十分丰富,并具有良好的穿堂风效果(图 7-17)。

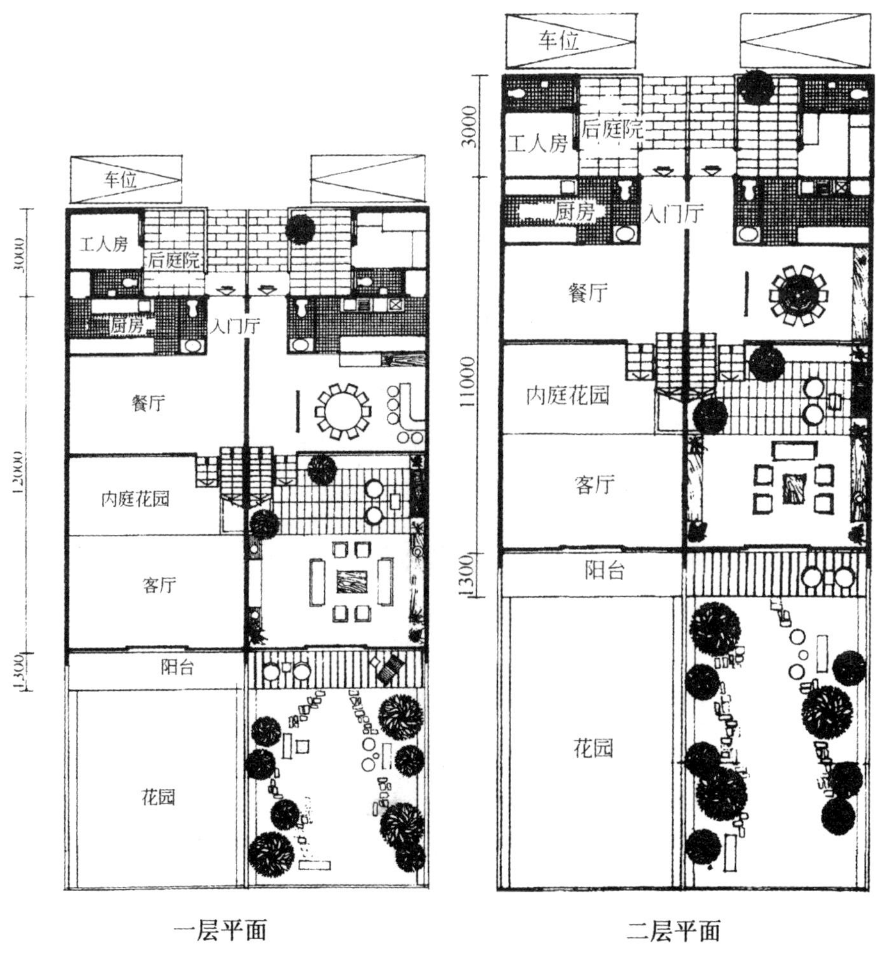

图 7-17　松园平面图

第二节　国外优秀住宅案例

一、德国汉堡排房

汉堡排房(法肯瑞德)很明显地参照了英国的排房设计,展现住宅类型中的小众喜好。

法肯瑞德建筑群坐落于汉堡北部埃普多夫区,是 19 世纪后期作为私人住宅小区而建造的。它承袭了英国排房设计的审美传统理念,虽然房屋的密度较高而且建造的成本受到严格的控制,但是它仍然有效地提供了一个干净的居住环境,特别是在采光与通风方面设计更为出色(图 7-18)。

图 7-18　德国排房住宅

埃普多夫是汉堡地区最为古老的一座村庄,在 19 世纪以前,它一直都是农村。与爱斯布图勒区一样。18 世纪以来,富有的汉堡居民开始建造属于自己的夏季别墅,但是人口的规模依然比较小。

1890 年，商人 E·亚历山大从 SEG 购买了大块土地，同年又出售了一部分给开发商威斯纳，威斯纳在狮子大街动工兴建小区，并使其二期工程扩展到了法肯瑞德街区的南部边缘，直接面向 SEG 工厂的入口。整个工程，就如同它现在所呈现的一样，于 1903 年建造完成，其中还包括了已由其他的私人投资者建造的风格类似的住宅群。在当时，大部分当地的住户都是受雇于 SEG 的工人，另外部分则是海港工人，这是因为，在当时的市中心已经没有更多的住宅可供居住。

在大多数情况下，这些“排房”不会穿过街区，但是可以在小区的后方边界终止，邻近其他建筑物。直接从街道进入到这里一般是不太可能的，而是要通过临街的建筑物大门才能进来。

公寓规划本身是比较简单的，面积在 32～46m^2 之间，往往只有一间卧室。后院相对狭窄些，但是还可以让双重开敞性的公寓保持空气的流通，这一特性在当时的普通住房中是比较少见的（图 7-19）。

图 7-19　排房公寓住宅

经过20世纪90年代大规模的翻新工程之后，现在的法肯瑞德建筑群又恢复了原有的活力。它不但是建筑与社会多样性发展的一个正面例子，还是公共城市讨论的一个很好的研究案例，其平面图如图7-20所示。

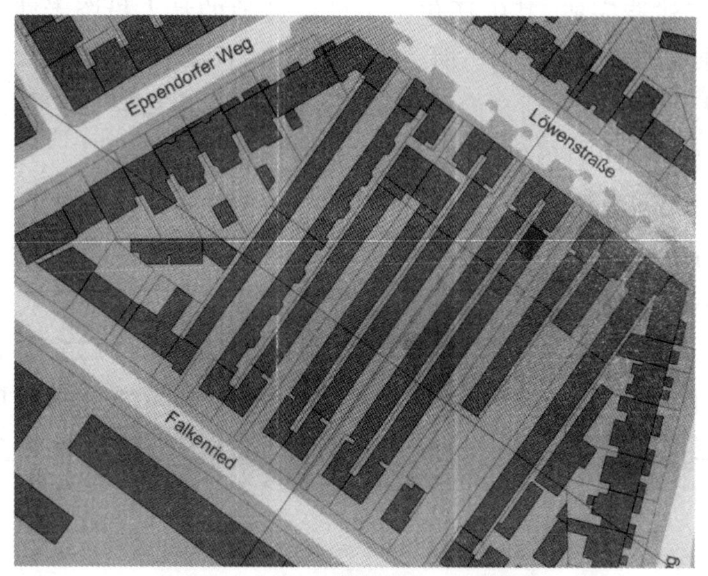

图7-20 法肯瑞德住宅建筑平面图

现在，法肯瑞德住宅建筑的大部分房屋已经修复到一种使人满意的状态。

二、日本优秀住宅

(一)甲府住宅别墅

该住宅以现代风格的独立式住宅保留着日本和室的单间，围绕以楼梯间为中心的布置平面，各用房之间紧凑有序，造型也朴实无华。总住宅建筑面积为222.19m^2，是日本优秀住宅的代表，其户型分为上下两层，其平面图如图7-21所示。

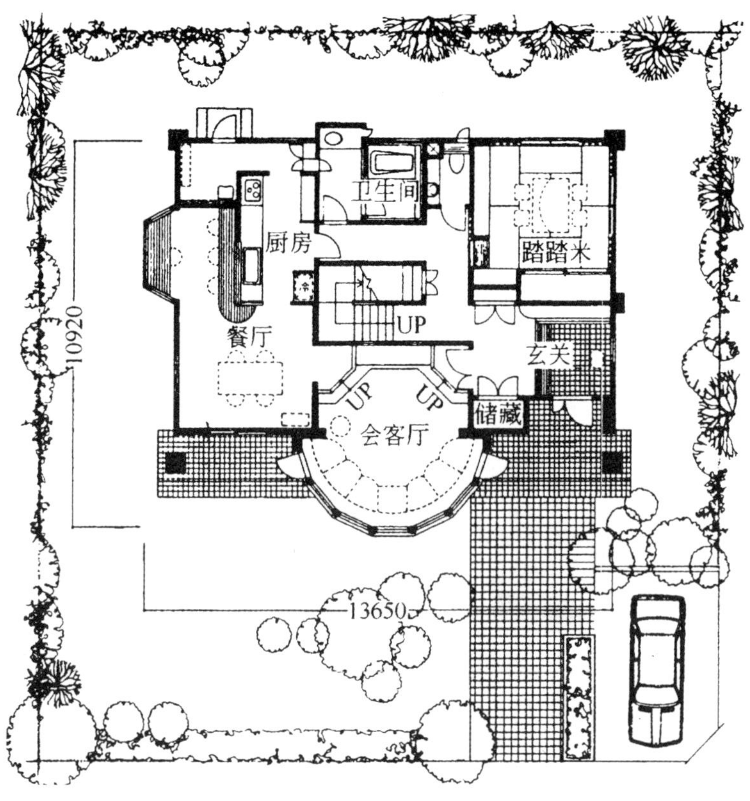

（a）一层平面设计

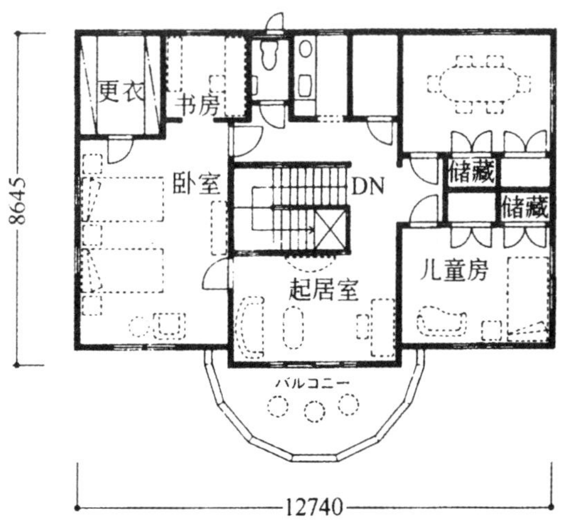

（b）二层平面设计

图 7-21　甲府住宅别墅平面图

(二)现代住宅

现代住宅虽然保留了日本的单间和室,但是平面已经渗透了现代的生活方式,如高挑的客厅、舒展的外形、坡顶的层次与连接,显得十分精致而又简洁(图 7-22)。

图 7-22　日本的现代住宅

日本现代住宅平面布局适合现代的生活方式,各个用房序列清晰、紧凑。同时具有日本的住房设计风格,是日本现代住宅的重要形式,其平面如图 7-23 所示。

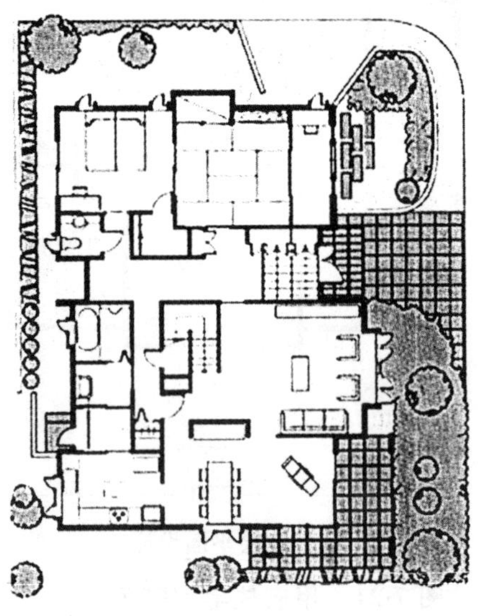

图 7-23　日本现代住宅一层平面图

三、美国优秀住宅

(一)LOFT 住宅模式

在 20 世纪 50 年代，美国有大批 20 世纪初建造的钢结构工业厂房以及仓库被废弃，但由于它们的空间比较通敞、平面开放以及采光十分充沛，所以有一些青年艺术家开始大量地把其改造成一种集工作、生活与作品展示于一体的多用途空间，这就形成了最初的 LOFT 公寓。

现在，LOFT 公寓已经不是由旧的厂房改造而成了，在经过规范化之后成了很多新的公寓内居住单元的时尚款式，其特征主要有下列几点。

首先，高大而开敞的空间，上下双层的复式结构设计，类似于戏剧舞台效果的楼梯与横梁。具有流动性，户型内没有障碍；具有透明性，减少了私密的程度；具有开放性，户型间全方位的组合；具有艺术性，一般都是业主自行来决定所有的风格与布局。它不但能够自用，也可作为商用(图 7-24)。

图 7-24　美国 LOFT 风格住宅设计

其次,LOFT对传统的居住观念提出了全新的挑战,对现代城市的相关工作和居住分区概念提出了新的挑战,它使工作和居住能够在同一个大的空间中进行,厂房与住宅间出现了功能部分的重叠。

(二)桑达莫妮卡住宅区

桑达莫妮卡住宅区的规划在用地方面布置了7幢“金字塔”形的台阶式住宅楼,楼顶的上部又设计了一座高层塔式的住宅楼,其中的两幢是17层,而其余的则是21层,“金字塔”形的台阶式住宅楼是5层,是整个住宅大楼的底座,其中间没有自然采光的房间布置成了停车库与仓库,四周的台阶多是一楼一底的低层小住宅,每个住户都有一套单独的绿化阳台,电梯是整个大楼的垂直交通设施,可以直达底层的停车位(图7-25)。

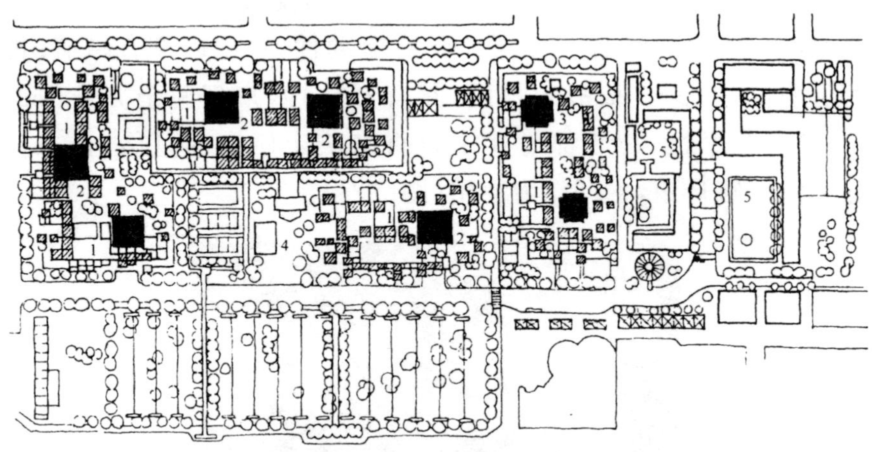

图7-25　桑达莫妮卡住宅区的整体平面设计图

由于使用这种住宅设计,达到了较高的居住密度,所以节约出了7.2hm^2的绿化空间,园区内设有林荫路、运动场以及露天咖啡室等;小区中还安排了商业中心、饭店、图书馆、儿童机构等多种服务设施。区内的住宅、公建和公园间都用步行的林荫道取得联系,境内没有穿行的交通。

第三节　优秀节能住宅建筑设计案例

一、国内优秀住宅节能案例

(一)北京锋尚国际公寓

北京锋尚国际公寓(以下简称“锋尚”)(图 7-26)是由北京锋尚房地产开发有限公司进行自主设计、自主开发的一套高舒适度、低能耗的公寓住宅建筑,2003 年 3 月起,这里已经全部入住,由于全面采用的是高舒适度的低能耗技术,从而使这栋公寓超过节能 65%的水平,与此同时,该建筑创造了更为理想的室内热舒适环境。室内的温度常年都保持在 20~26℃,而相对湿度则控制在 40%~60%,而且具有比较好的室内空气质量与声环境。这栋建筑的耗热量只有 12.5W/m^2,远远低于北京市政府要求的节能 50%的耗热量指标 20.6W/m^2,甚至也要比 2004 年开始实施的节能 65%的 14.65W/m^2 的标准更低,以此引起了社会各界人士的极大关注。

图 7-26　北京锋尚国际公寓住宅

其高舒适度以及低能耗主要是依靠于外墙的外保温系统、混凝土楼板低温辐射供冷供暖系统、健康新风系统、外窗以及外遮阳系统等多项全新的科学技术共同实现的。锋尚不但达到了室内环境的高舒适度，同时也使采暖制冷的费用大幅度降低，每年的采暖、制冷、新风、湿度的调节综合费用等仅为为 35 元/m^2，其中在冬季进行采暖的费用也只有 10 元/m^2，仅仅是北京市政府所规定的燃气集中供暖收费的 1/3，节能效果十分突出。

1. 围护结构

建筑的外围护结构采用复合式外保温隔热系统，包括剪力墙、100mm 聚苯板、100mm 可流动空气层、瓷板干挂幕墙，外墙综合传热系数为 0.3W/(m^2·℃)，比我国节能 50%的建筑节能设计标准《民用建筑节能设计标准(采暖居住部分)北京地区实施细则》中 1.160.3W/(m^2·℃)的要求高出近 4 倍。同时，将外墙 100mm 厚的保温层一直做到地下 1.5m 深处，因为北京地区冻土层厚 0.8m，这样做能够防止冷热从地下散失，从而将建筑处于完全的保温隔热状态。这套复合式外保温系统抗震、抗雨水、抗冻融、抗风压能力强，装饰效果好，外饰面采用 200mm×600mm 大块瓷砖，最大可达 800mm×1200mm，解决了增加保温层厚度与外饰面难做的矛盾，同时外保温系统中的流动空气层可将冷凝水、雨水、水蒸气自动挥发，确保了保温材料的干燥，延长了保温材料的寿命。

屋面保温层为 200mm 聚苯板，女儿墙内外两侧及顶部均用 100mm 厚的聚苯板满包，阻断热桥，平均传热系数是 0.2W/(m^2·℃)。屋面的局部则采用的是绿化措施，最大限度地减少了夏季的热量对室内热环境产生的影响，顶层的房间同样也具有比较良好的热环境。

外窗采用的是 Low—E 中空玻璃断桥铝合金窗，中空玻璃内充满的是惰性气体氩气，平均传热系数是 2.0W/(m^2·℃)，并在国内高层住宅上首次应用了铝合金外遮阳卷帘，这种遮阳方式遮阳率可达 80%，比遮阳板、室内遮阳的效率高太多。

因为围护结构的节能措施具有先进的技术水平，使锋尚的采暖和制冷设计负荷都降到了 15W/m^2 以下，建筑的设计能耗水平也降到了 12.4W/m^2。同时，北京市的节能标准按 50% 则是 20.6W/m^2，节能 65% 的要求也只 14.65W/m^2。建筑的外围护结构具有了比较强的抵御外界气候变化以及对室内热环境的影响的能力。

2. 通风空调系统

锋尚国际公寓的空调系统是天棚辐射制冷采暖和置换式新风系统。天棚辐射制冷与采暖借助预埋于混凝土楼板中的 PB 水管，夏季通过温度是 20℃左右的高温冷水，而冬季则通过的是温度 28℃的低温热水，主要采用的是以辐射形式把冷量或者热量传递到各个室内。混凝土天棚的工作温度几乎都在 20～28℃，系统在工作时不受混凝土热惰性的影响，室内的热稳定性比较好，而且室内无吹风感与噪声。

置换式新风系统由布置于地板上的新风口送进去新鲜的空气，而且调节室内的湿度。新风的温度约低于室内的空气温度，且风速极小，所以，新风送入房间之后首先就会停留于靠近地板的区域。新风受到人体或者设备等热源加热之后，将向房间的上部流动，人员呼吸到的是比较洁净的清爽空气，呼出的 CO_2 则会随着热气流而上升，从房间的上方排风口排走。为了能够节省新风处理能耗，起居室与卧室的排风先送到厨房、卫生间以及浴室，改善空气的品质、除湿之后再排出住宅。经测试，室内无吹风感，新风的出口风速小于 0.3m/s，且衰减的很快，在地板附近形成的是均匀层流，进而沿着热源或者墙面爬升。因为新风承担的是室内湿负荷，室内在夏季不会有潮湿感，而混凝土天棚也不会出现结露的现象。

3. 节水技术

锋尚国际公寓园区设中水处理系统，将部分洗浴、洗衣等生活用水回收至中水处理系统，采用生物膜水处理技术，处理废水的成本很低，日处理能力为80t。处理后用于浇灌绿地、冲洗道路、洗车和补充人工湖景观用水。

一期楼盘将洗浴用水与坐便污水分管排放，实现中水回用，而且减少了卫生间的返异味现象。二期采用瑞士吉博力高密度聚乙烯楼宇排水系统，用一根管子解决异味及噪声问题，加上瑞士同层后排水系统将坐便器与隐蔽式水箱分开设置，水箱安装时均调节成6L节水状态，水箱内各种密封圈能抗250万次拉伸，经久不坏。坐便采用挂墙式，使卫生间无卫生死角。同层排水杜绝了穿楼板的管线，减少了楼上楼下邻里之间的噪声、漏水、装修等影响，并且使洁具的位置具有可移动性。屋面雨水排水采用虹吸式排水技术，用一根排水管可以取代传统的8根雨落水管，靠虹吸作用加大雨水的排放效率，减少了室内空间被雨水管占用或使外立面更美观。

(二)上海生态示范住宅楼

上海生态住宅示范楼(图7-27)是由一幢代表联排小住宅的一个单元(一户)的“零能耗”独立住宅(图7-28)和一幢代表多层公寓的低能耗生态公寓组成。独立住宅的建筑面积是238m^2，是二层框架结构，生态公寓把多层建筑一梯两户型的单体两套以及木结构的轻质屋顶加层做了整合，合为一体，总建筑面积高达402m^2。整体示范楼在生态节能上实现了零(低)建筑能耗、资源高效循环利用、智能高品质居住环境等多种先进技术的集成目标。

该示范楼的建筑节能技术措施不但包括了提高围护结构的保温隔热性能，同时也包括了降低系统设备的运行能耗、提高设备的运行效率以及充分利用清洁能源——太阳能、地热能与风能等。建筑的能耗之所以会降低，主要是上述三个方面的综合效果。

图 7-27　上海生态住宅示范楼

图 7-28　“零能耗”独立住宅

1. 超低能耗围护结构

(1)“零能耗”独立住宅外围护结构

采用的是高效的外墙外保温系统(图 7-29)、高效节能的门窗系统以及倒置式的保温和种植屋面相结合的屋面保温体系，诸系统的构成以及热工性能指标如表 7-1 所示。

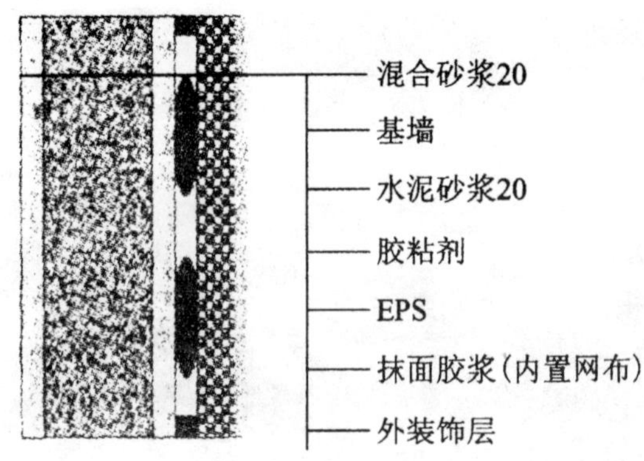

图 7-29 外墙外保温系统

表 7-1 “零能耗”独立住宅外围护结构

围护结构名称	主要构造层次	平均传热系数	附注
外墙外保温系统	非水泥基 EPS 100mm 厚外墙外保温体系与砂加气 200mm 厚填充墙。	0.32W/(m^2 · K)	
外窗	采用真空低辐射中空塑钢窗	1.5W/(m^2 · K),其中玻璃传热系数为 1.2W/(m^2 · K)	遮阳系数 0.72
天	采用夹胶钢化低辐射中空塑钢窗	2.5W/(m^2 · K)其中玻璃传热系数 1.8W/(m^2 · K)	遮阳系数 0.69
倒置式保温屋面+种植屋面	采用 XPS 100mm 厚保温	0.24W/(m^2 · K)	
坡屋面	采用 XPS 100mm 厚保温	0.31W/(m^2 · K)	

(2)低能耗生态公寓外围护结构

外墙所采用的混凝土主要是空心砌块和 XPS 外保温体系,窗则采用的中空 Low-E 塑钢窗,坡屋面所采用的木龙骨和 OSD 板保温体系。诸系统的构成及其热工性能指标如表 7-2 所示。

图 7-2　围护结构系统构成及其热工性能指标

围护结构名称	材料	平均传热系数	备注
外墙外保温系统	混凝土空心砌块与 XPS 外保温体系	0.81W/(m^2 · K)	
外窗	中空 Low-E 塑钢窗	1.8W/(m^2 · K)	南向铝合金遮阳百叶
坡屋面	木龙骨与 OSD 板保温体系	0.16W/(m^2 · K)	

2. 地源热泵空调系统

在“零能耗”独立住宅中，热源系统采用的是地源热泵空调系统，比常规的空调系统要节能约 20%～40%，具有比较高的室内热舒适性，而且没有吹风感与噪声。其组成总共可以分为三个部分：冷热源部分，由土壤热泵机组加地下埋管换热器系统，末端系统为毛细管辐射，加独立除湿新风系统。土壤热泵系统的地下换热器采用垂直埋管形式（图 7-30），通过地下埋管，使管内的介质循环和土壤进行了封闭式热交换，以达到供冷供热的有效目的。辐射末端所采用的都是由特制砂浆直接粘贴于顶棚上的毛细管席 KS15 系列以提供冷和暖（图 7-31）。

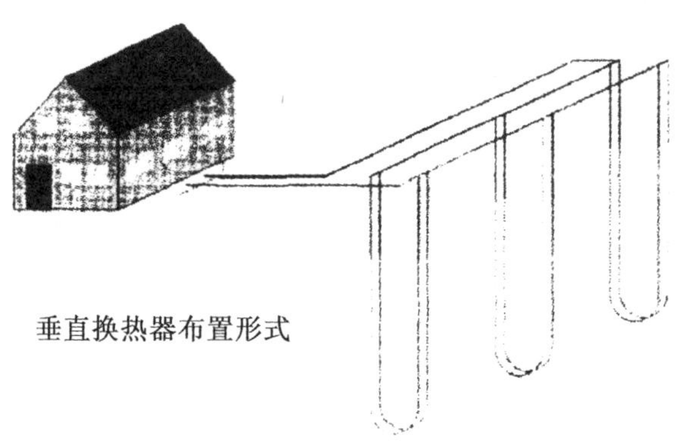

图 7-30　土壤热泵地下换热器

图 7-31　毛细管辐射末端

3. 清洁能源的利用

(1)太阳能利用

“零能耗”独立住宅所采用的 3kW 太阳能光伏发电与并网技术,使光伏电池的功率达到了每块 200W,是当前世界上最大的单块光伏电池,并且还与屋面的结构结合成一体(图 7-32)。园区中所采用的是太阳能庭院灯、草坪灯以及风光互补路灯。在理想的光照强度下,充电 4 小时就能够保证景观灯 3～5 天的正常工作。根据计算一台太阳能路灯通常情况下一年的使用情况,可推测节约电费达 1000 元。

图 7-32　太阳能光伏发电系统和太阳能灯

(2)风力发电系统

“零能耗”独立住宅所用的是一套性能十分优异的涡轮式小型风力发电机(图7-33)。这一系统的使用寿命多达数十年，额定功率为140W，启动风速却只需要2m/s即可，而额定风速仅仅需要15m/s，扫掠面积也比较小，只有0.3m^2，要比常规的风力发电机能够多发约50%的电力，和建筑实现了一体化设计，具有十分高效、美观、长寿且无噪声等多种优点。

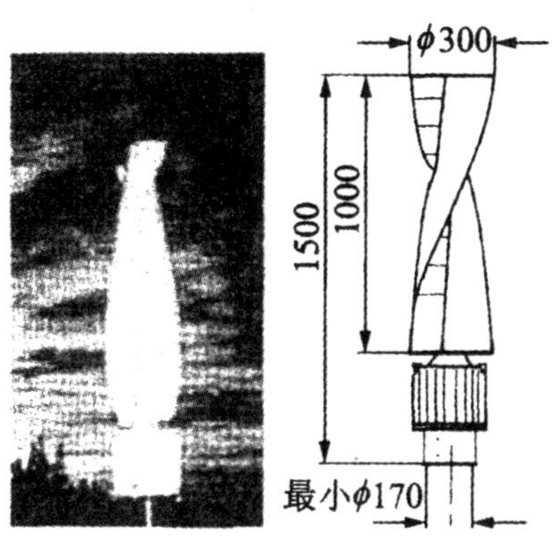

图7-33　涡轮式小型风力发电机

4. 自然通风与天然采光

利用CFD模拟技术辅助设计，模拟建筑周边的风环境。“零能耗”独立住宅设计了可遥控开启关闭的3m^2天窗和通透明亮的中庭，辅以南高北低的建筑结构，合理的南向窗墙比0.45～0.5。经模拟计算，在东南主导风向、室外平均标准高度风速为3m/s时，室内主要人体活动的区域范围内各层居住高度(1m)的风速，基本处于0.5～1m/s的范围之内，达到自然通风的设计要求，从而达到利用自然通风减少全年空调使用时间、提高换气次数和空气质量的目的。

采用光学模拟软件优化设计方案，并对建筑实际采光效果进行测试评价。模拟结果显示底楼中庭区域的照度相对较弱，而直接立面开窗口附近区域则照度很高，形成一定的眩光，于是对原设计方案进行了相应的优化，最终通过测试采光满足设计要求。

5. 生态绿化

“零能耗”独立住宅 $90m^2$ 平屋面选用耐寒性、慢生常绿草坪做屋顶绿化，既容易人工保养维护，又能提高屋面保温隔热效果和储水功能，能将50％的屋面降水保留在屋面上，然后再通过植物蒸发掉，从而改善了室外微气候环境。与没有屋顶绿化的同类建筑相比，夏季酷热的白天室内温度可降低3～4℃，冬天取暖费可节约1/3。

“低触耗”生态公寓则采用成本低、易于维护的窗台开槽绿化形式，营造出美观视觉环境。示范楼东、西外墙采用爬藤等垂直绿化，既减弱西晒，又美化环境，提升居住品质。

二、国外优秀住宅节能案例

(一)瑞士三户住宅

三户住宅座落在瑞士伯尔尼南部的Gebhartstrasse大街，于2006年建成(图7-34)。住宅分为地上三层，地下是一个小型的停车场，入口在建筑的东侧，大门和水平木质板条制成的固定遮阳装置组成一个整体，大门与遮阳装置后则是外部的楼梯，通往每层住户的入口，设计示意图如图7-35所示。住户入口接近建筑平面图的中轴线上，轴线以北东侧是一个梯形区域，用作卫生间与机械设备间，西侧则是三间卧室，轴线以南为一个阁楼式的起居空间，和南向的露台以及西侧的狭长阳台连结于一体。阳台、露台设置全采用高木卷帘，能够提供良好的视觉屏障，也可以起到遮阳的作用。建筑屋顶是一座种植植物的小花园，三家住户都能够通过外部的楼梯到达。这栋住宅采暖系统的输出功率仅为5kW，却足以满足采暖要求，是瑞士第一座获得Minergie—P—Eco生态标准认证的住宅。

图 7-34　瑞士三户住宅楼

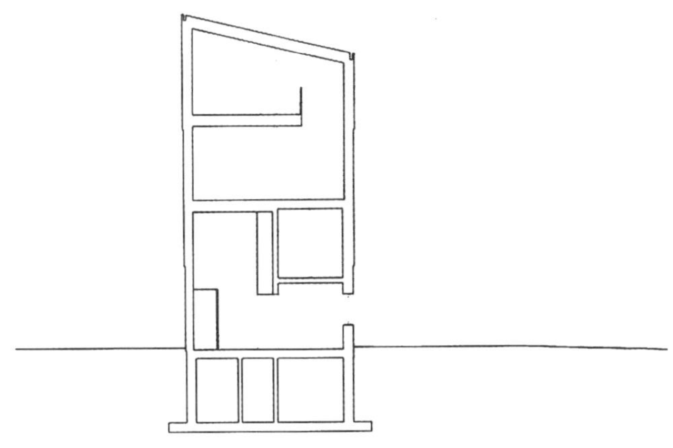

图 7-35　瑞士三户住宅楼结构示意图

1. 建筑围护结构

建筑的地上部分基本采用的都是木结构，而地下室则是混凝土结构。屋顶与中间楼板所采用的是木构空箱式，地面用砾石进行填充，达到了瑞士 SIA181 标准中对于隔音的有关要求。中间层地面则采用的是纤维素保温材料，由落叶松纤维制成。地面的构造则是 20mm 橡木条拼花地板＋80mm 水泥砂浆带地热装置＋聚乙烯板分隔层＋17mm 木纤维板隔音层＋25mm 岩棉保温板+320mm软木空箱式构件中间填充砾石+带95面减震器地板+60mm岩棉保温层+15mm纤维石膏板。立面采用腹板木梁,腹板并不贯穿整体,以减小冷桥。

建筑的西立面与南立面所用的围护结构则是大面积的玻璃,以获得比较好的室外景观,但同时也是围护结构总热损失的重要源头,约占2/3。因此,玻璃选用的是三层玻璃,传热系数为0.92W/(m^2·℃),而其他立面上的小窗传热系数则大多是0.65W/(m^2·℃)。

厨房两端的水泥砂浆地面与钢筋混凝土剪力墙的设计则是一种蓄热围护结构。建筑的外围护结构设计成了一种能够扩散蒸汽、具有密闭的形式,结构内部没有隔汽层或者隔汽膜,蒸汽压力能够得到逐步地释放。围护结构上的缝隙已经作了比较好的密封,能够最大限度地节省能源,同时也进一步提高了热舒适性,并且远离了外界的噪声干扰。

2. 热源

建筑的采暖热源主要是位于地下室的太阳能两用罐以及一个木颗粒燃料锅炉,木颗粒燃料贮存于地下的木球罐中。采暖的是末端系统为低温地板辐射采暖系统。建筑体76%的生活热水以及采暖热水等都是通过太阳能进行加热而满足的,屋顶设置了6个太阳能集热板,吸收了表面总面积高达20m^2。此外,24%的热能主要是来源于木球罐燃料锅炉。地下室的公共洗衣机和太阳能热水系统是相连的,能够有效地利用太阳能。

3. 通风系统

建筑的内部机械通风系统增设了热回收装置,极大地减小了采暖热量的损失。热交换器设置于公共排风通道中,安装有铝百叶以及单独出入口,能够使新鲜的空气与排风自由地进入和排出。排风风机的设置位置在排风道的顶端屋顶上。室内排风口则设于天花板上,通过吊顶中的排风管进入到排风道中。厨房的排风系统经过油脂过滤装置之后，也循环进入到排风道，厨房中设有屋顶排风机进行风量的控制，以便能够在烹饪时增加排风量。

（二）挪威零碳示范住宅

斯诺赫塔事务所是挪威 ZEB[1] 的一个积极的合作伙伴。ZEB 多适用型房屋是斯诺赫塔事务所、斯堪的纳维亚最大的独立研究机构 SINTEF、ZEB 的合作伙伴 Brødrene Dahl 与 Optimera 的一个良好的合作项目。房屋体量为一个独户的住宅建筑，这一建筑的主要目的则是用作示范平台（图 7-36）。

图 7-36　ZEB 多适用型房屋

在这个建筑中，一个坐落于花园中的倾斜体块房子是具有独特色彩的结构，而且同时也拥有包裹了太阳能板的倾斜屋面。这些要素的使用都和来自地下的能量井道地热相连，能够尽可能地满足家庭住宅的能源需求，甚至有足够的盈余来供全年一辆电力车进行充电，为了实现这一目标，建筑与技术很好地结合在一起，并确保了在舒适度与能源使用方面做到最优

[1] ZEB：英文全称是 Zero Emission Buildings，即零排放建筑研究中心。

化(图 7-37)。

图 7-37 建筑中的倾斜体

1. 室外中庭

室外中庭是一个带有壁炉与家具的场所,从早春到晚秋,是一个开放的室外用餐区。在这个目前世界上最先进的住宅中,这一间被堆满木柴与砖砌墙体所围绕的房间中,能够体会到一种生活于乡间小屋中的感觉(图 7-38)。

阳光、美景和景观的交流以及户外的空间,都要和封闭的窗户以及墙体间做到平衡。供热与制冷的需求,通过玻璃的表面位置、朝向、房子呈现出的几何形态、体量的控制以及选择具有较好导热性的材料进行被动式的解决。用在室内表面的材料,按照它们在室内的气候、空气的质量以及美学价值等多个方面的优势加以选择。

图 7-38　室外中庭

2. 景观呈现

景观呈现则是以一种花园的形式加以表达，参观者能够在建筑的四周走动，以便于能够探索建造的特别元素有哪些。而花园中则有一个游泳池、利用光热系统以及过剩的热量对淋浴间、柴火等加热的桑拿室与作为邻里视线相隔断的贮藏室。在房屋的东侧还有一个可以看到邻近牧场地的早餐座，它主要是由回收利用的木块铺设而成的建筑部分，营造出的是一种无比温馨的氛围（图 7-39）。

图 7-39　景观呈现方式

这个项目还具有十分强烈而专注于通过一种非量化的性能形成对家庭特质的保持。与对能源的要求程度是一样的,这里对情感的慰藉以及幸福感的考虑也同样贯穿了设计的整个过程。庭院中所利用的各种各样的空间,使住户可以在一年四季中都能品尝到果树与菜圃生产的一些时限蔬果。

参考文献

[1]朱家瑾. 居住区规划设计[M]. 2 版. 北京:中国建筑工业出版社,2006.

[2]朱昌廉,魏宏杨,龙灏. 住宅建筑设计原理[M]. 北京:中国建筑工业出版社,2011.

[3]张茵,蓝江平. 住宅建筑设计[M]. 武汉:华中科技大学出版社,2012.

[4](法)法利,斯特尔. 城市住宅经典案例[M]. 谢靖,杨海明,译. 北京:电子工业出版社,2013.

[5]邢双军. 建筑设计原理[M]. 北京:机械工业出版社,2012.

[6]顾馥保. 城市住宅建筑设计[M]. 2 版. 北京:中国建筑工业出版社,2006.

[7]张宪江. 建筑结构[M]. 北京:化学工业出版社,2010.

[8]杨子江. 建筑结构[M]. 武汉:武汉理工大学出版社,2012.

[9]周立军. 建筑设计基础[M]. 哈尔滨:哈尔滨工业大学出版社,2011(重印).

[10]杨青山,崔丽萍. 建筑设计基础[M]. 北京:中国建筑工业出版社,2011.

[11]田学哲. 建筑初步[M]. 北京:中国建筑工业出版社,1999.

[12]亓萌,田铁威. 建筑设计基础[M]. 杭州:浙江大学出版社,2009.

[13]王崇杰,崔艳秋. 建筑设计基础[M]. 北京:中国建筑工业出版社,2002.

[14]黎志涛. 建筑设计方法[M]. 北京:中国建筑工业出版

社,2010.

[15]赵小龙.居住建筑设计[M].北京:冶金工业出版社,2011.

[16]刘文军,付瑶.住宅建筑设计[M].北京:中国建筑工业出版社,2007.

[17]彭一刚.建筑空间组合论[M].北京:中国建筑工业出版社,1983.

[18]中华人民共和国建设部.民用建筑设计通则(GB 50352-2005)[S].北京:中国建筑工业出版社,2005.

[19]周燕珉.住宅精细化设计Ⅱ[M].北京:中国建筑工业出版社,2015.

[20]苏德利,佟世炜.住宅区规划[M].2版.北京:机械工业出版社,2013.

[21]焦涛,李捷.建筑装饰设计[M].武汉:武汉理工大学出版社,2010.

[22]钱坤,吴歌.建筑概论[M].北京:北京大学出版社,2010.

[23]周俭.城市住宅区规划原理[M].上海:同济大学出版社,1999.

[24]刘致平.中国居住建筑简史——城市、住宅、园林[M].北京:中国建筑工业出版社.2000.

[25]宋泽方,周逸湖.独院式住宅与花园别墅[M].北京:中国建筑工业出版社,1995.

[26]赵冠谦,林建平.居住模式与跨世纪住宅设计[M].北京:中国建筑工业出版社,1995.

[27]广州市建艺文化传播有限公司.办公空间建筑与室内设计[M].天津:天津大学出版社,2010.

[28]李艾芳.国外当代旅馆建筑设计精品集[M].北京:中国建筑工业出版社,2004.

[29]白德懋.居住区规划与环境设计[M].北京:中国建筑工业出版社,1993.

[30]周燕珉.现代住宅设计大全——厨房、餐室卷、卫生空间

卷[M].北京:中国建筑工业出版社,1994.

[31]贾耀才.新住宅平面设计[M].北京:中国建筑工业出版社,1997.

[32]徐敦源.现代城镇住宅图集[M].北京:中国建筑工业出版社,1996.

[33]王纪鲲.集合住宅之规划与设计[M].台北:中央图书出版社,1984.